审时度势

变通的智慧

程敏 著

孔學堂書局

图书在版编目（CIP）数据

审时度势：变通的智慧 / 程敏著. -- 贵阳：孔学堂书局, 2025. 3. -- ISBN 978-7-80770-738-7

Ⅰ. B821-49

中国国家版本馆 CIP 数据核字第 2025PY8071 号

审时度势：变通的智慧   程敏 著

SHEN SHI DUO SHI : BIAN TONG DE ZHI HUI

责任编辑：何兴健　何　奕
书籍设计：星星童
责任印制：张　莹

出版发行　贵州日报当代融媒体集团
　　　　　孔学堂书局
地　　址　贵阳市乌当区大坡路 26 号
印　　刷　三河市金兆印刷装订有限公司
开　　本　710mm×1000mm　1/16
字　　数　108 千字
印　　张　11
版　　次　2025 年 3 月第 1 版
印　　次　2025 年 3 月第 1 次
书　　号　ISBN 978-7-80770-738-7
定　　价　55.50 元

版权所有·翻印必究

前言

人生处处是选择，人生处处是机会。这就需要我们拥有审时度势与适时变通的智慧和能力。作决策之前，充分考虑当前的环境和未来的趋势。审时度势，谋定而动，以变通之道应对变化之事，这不仅是一种人生大智慧，更是一种个人"超能力"。这里中所谓的"时"，就是人物与事情发展、运动所产生的预期结果（目的）之最佳时间；所谓的"势"，就是人物与事情发展与运动的趋向。

《鬼谷子》有云："世无可抵，则深隐而待时；时有可抵，则为之谋。"如果没有可以利用的机会，那就深藏不露，耐心等待；一旦发现有可以利用的机会，就立即为之谋划行动。要抓住时机（应时），认清形势（顺势），才能使自己有所收获。

时与势，犹如一天二十四小时，人也一样，之所以有成有败，关键在于个人的判断力、执行力的强弱，甚至是团队组织与运营能力的差异。因此，我们应学会审时度势，看准事物的发展规律，顺势而为，造势而兴，失势而退，也就是要因时制宜，抓住时机，适时而动，灵活变通，作出相应的对策与行动。

纵观历史，古今成功者或成大事者，都具有审时度势的变通智慧。本书以审时度势与变通之道为核心思想，以中国古代王侯将相及智士贤达的相关成功或失败的故事为主要内容，从识势而明、取势而清、顺势而为、度势而谋、借势而进、乘势而上、造势而兴、待势而发、失势而退人生"九势"

审时度势 变通的智慧

入手,阐述了审时度势与变通之道的精髓,对于我们当下的生活和工作具有很好的借鉴意义。希望从中得到启迪,从而更好地把握现在、规划未来。

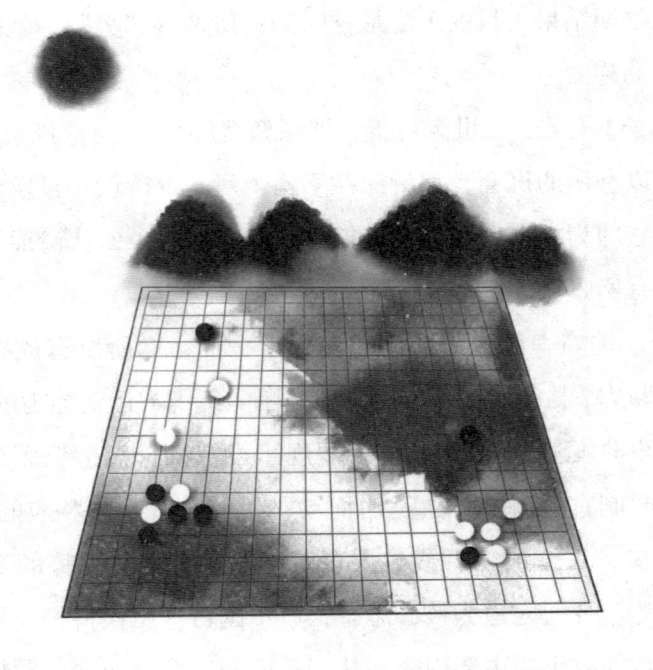

目　录

第一章　识势而明：看清时局头脑清

对方画的饼要吃，也要让对方吃你画的饼 / 2
对手放松警惕时，便是快速出手时 / 5
忍到时机成熟时，打对手一个措手不及 / 8
既然无力回天，不妨就地躺平 / 11
站好队不会输，跟对人才有福 / 14
有理时讲理，没理时讲情 / 17
知其心中所虑，牵着他的鼻子走 / 20

第二章　取势而清：抓住时机定大局

做个对自己都狠的人，别人才会高看你一眼 / 24
规则之内没办法，就用规则之外的办法 / 27
不死就是幸运，活着就要"开挂"人生 / 30
用人时人是利器，不用时人是盾牌 / 32
自己必须是好人，坏人让别人当 / 35

第三章　顺势而为：创业进取成霸业

成大事者定律：用行动征服人心 / 40
打对方一巴掌前，先给他一块糖吃 / 42
死守规则的下场：成为被人谈笑的话柄 / 46

顺风扯旗：谁得势就站到谁的一边 / 49
接班人自己说了算，不折腾就是大作为 / 52
避无可避之时，便是反击好时机 / 54

第四章　度势而谋：谋定而行挽败局

低手"内卷"出局，高手攻心破局 / 58
君子爱才，取之有道 / 61
没有永远的朋友，只有永远的利益 / 63
先躲开危险处境，然后杀个回马枪 / 66
忍辱负重，卧薪尝胆：只为静待一个翻盘的机会 / 69
要主动争取，而不是被动接受 / 71

第五章　借势而进：巧借外力唱赞歌

巧借他人资源，为自己织可用之网 / 76
巧用反间计：让对方自己斩掉臂膀 / 78
保持"用户思维"，将需求和"痛点"完美结合 / 82
收敛锋芒以避祸事，韬光养晦取代他人 / 85
故作被动定局势，谋定而后动 / 88

第六章　乘势而上：时不我待展英才

能做还要能说，能说还要会说 / 92
挖墙脚不是重视人才，而是削弱对手的力量 / 95
先稳住大局，然后再收拾残局 / 98
是非不必争人我，彼此何须论短长 / 101
该进时必须进，该撤时也应毫不犹豫撤退 / 104

请将不如激将，激将不如逼将 / 107
不怕没好事，就怕没好人 / 110

第七章　造势而兴：创造机会转乾坤

一个人的地位越高，就越容易跌落 / 116
制造假象与声势，造势而兴转局势 / 119
造势一环接一环，环环相扣成必然 / 121
发动别人造势，自己则顺势而为 / 124
口号喊得响，实际行动不能忘 / 127
不按常理出牌，才能出奇制胜 / 130

第八章　待势而发：屈伸得法大业成

愿者上钩：钓的是势而不是人 / 134
占据舆论优势时，出手才名正言顺 / 137
在沉默中精心布局，于爆发时杀伐果断 / 140
先坐山观虎斗，然后坐收渔人之利 / 143
世上最弱的是人心，最硬的是骨气 / 145

第九章　失势而退：功成身退显智慧

最得势之时，也是该归隐之时 / 150
谋大事先布大局，高光时功成身退 / 152
做人做事的至高境界：有用且无害 / 156
入局靠本事，出局靠智慧 / 159
故意暴露弱点，打消对方的疑虑 / 162
如果确定跟的人不行，早撤早安生 / 164

第一章
识势而明看清时局头脑清

《呻吟语》说:"明义理易,识时势难。"意思是说,义理,是经验的结晶,容易明白;时势,总是变幻莫测,难以辨识。真正的高人,既能把握天下大势,又能看清眼下形势,始终让自己立于不败之地。唯有识势,才能明势,才能看清时局走对路,也才能顺势而为、进退自如。

对方画的饼要吃，也要让对方吃你画的饼

无论在职场还是在商场，甚至是家庭中，画大饼的现象屡见不鲜。从某种意义上来讲，画大饼也是一种心理激励，有一定的积极意义，但更多时候，画大饼成了很多人达到某种目的的一种手段。袁术擅长画大饼，孙策也擅长画大饼，两个人还都互相吃了对方画的大饼。

初平三年（公元192年），孙坚（东汉末年著名将领，孙权之父，三国中吴国的奠基人）攻打荆州刘表时，被刘表部将黄祖的士兵暗箭射中致死。无奈，孙策（孙坚长子，孙权长兄）一家人就搬到了江都。孙策作战非常勇猛，有一次，在与敌军交战的时候，他用胳膊夹死了一个将军，一嗓子又吼死了一个将军。由于孙策的骁勇善战以及表现出来的统帅才华，被人们称为"小霸王"。

一天早上，孙策与周瑜告别："感谢兄弟对我的帮助，但我有杀父之血海深仇，不报此仇我誓不为人！我现在必须走了，我要为父报仇去了。"

要报仇，没有军队肯定不行，但招兵买马又谈何容易？即便招到兵马，可万一自己出了意外，自己的母亲和年幼的弟弟又该由谁来照顾？

随之，孙策再次陷入迷茫与深思中……

"去丹阳吧，去召集吴郡和会稽的兵马，然后拿下扬州和荆州，这样报仇就指日可待。随后便可占据江东，匡扶天下，成就一番霸业。"孙策听完一位名士的话，如醍醐灌顶，瞬间有了人生的明确方向与动力。这位名士就是和张昭并称"江东二张"的张弘。

于是，孙策前往丹阳找舅舅，先是说明了情况，报了母亲的平安就开始招兵，但最后只招了一百多军士。孙策虽不满意，但转念想，一百多人也总比没人强多了。一百多就一百多吧，孙策便先带回这一百多人。

真是屋漏偏逢连夜雨。孙策带着这一百来号人经过泾县时，竟然被当地的豪强祖郎狙击了一把，结果是一百来号人就只有孙策跑了出来。

以前孙策只有一个仇人黄祖，现在加上祖郎（后被孙策收服）有两人了。

无奈，孙策狼狈地跑到袁术的行辕。袁术看着这个孩子也是可怜，于心不忍就把孙坚的旧部调拨给了孙策。天真的孙策对袁术心怀感激，发誓先帮袁术成就伟业，再回去报仇。

孙策在接收父亲旧部时，这些老兵都是不服气的，毕竟那时的孙策才十九岁，在他们看来孙策就是一个小毛孩子。

殊不知，孙策充分发挥了其豪爽大度、仗义重情的人格魅力；生活上克己奉公，治兵上一丝不苟，张弛得法。

一次，孙策一士兵因为犯事，就跑到袁术军中躲起来。殊不知，孙策追至袁术军中将其砍杀，事后向袁术致歉。

孙策勇武果敢与精明干练之举，果真赢得许多将士之心。别看孙策年轻，但是他有情有义，有勇有谋，跟着这样的人干，有希望，起码能得到尊重。因此，时间不长，便有许多袁术手下的将士自发地投到孙策麾下。

面对这样的局面，虽然袁术表面上恭维，但是其内心十分不舒服，便对孙策起了杀心。但是袁术毕竟在官场与军队历练多年，想杀孙策，肯定不用自己的手，而要借刀杀人。

于是，袁术便表面以褒奖与重用孙策的名义，不断给孙策有限且战斗力不强的军队，令其率领如此军队去东征西讨。至于孙策战败与否，袁术根本不在意，而意在借此除掉这位日渐成长且有超过其父孙坚之势的年轻将领。

袁术为了让孙策多帮他打地盘，先后许诺孙策做九江太守、丹阳太守、庐江太守，但是最后袁术都让其亲信担任了。孙策看透了袁术画大饼的套路，于是他也准备给袁术画个饼——借兵图谋江东，意在为他的江东创业奠基。

他假装诚恳地对袁术说："我帮你先去攻打江东，回头帮助你平定天下。"当然隐含的条件是，袁术归还以前孙坚的军队。令孙策惊讶的是，袁术这次同意了。袁术一共给了孙策一千多人，包括孙坚的旧部名将程普、黄盖、韩当、吕范等人。当然，袁术的本意还是借刀杀人。

初平四年（公元193年），孙策因对袁术失望而另谋他路。初平五年（194年），孙策带着孙坚的老部下和几千门客，想要进攻江东，周瑜遂带其人马投靠了孙策。在周瑜的帮助下，孙策的部队快速发展到几万人，并且也相继攻克了许多地方，后来就把扬州太守刘繇给赶走了。随后孙策、周瑜攻克了皖城，周瑜娶了乔公的女儿小乔为妻，孙策娶了大乔。

随后，孙策联手周瑜，在江东大举吞并城池，开疆拓土，发展其势力范围。建安四年（公元199年），孙策杀了黄祖全家，大仇得报。

孙策虽然占据了江东，但是地方豪强强烈反抗。对此，孙策就下令斩杀反抗者及其全家，甚至灭其全族，采取了暴力镇压。无疑，孙策这种简单粗暴地处理矛盾的方式，为其日后遇害埋下了祸根。

果不出所料，建安五年（公元200年），"小霸王"孙策遇刺，重伤不治身亡，享年二十六岁，一代英雄落幕。

临终前托孤张昭等老臣，让弟弟孙权接班，并叮嘱孙权好生安抚江东豪强士族，先守好家业再伺机谋取天下。

孙策的一生是短暂而辉煌的一生，为了在江东创业，巧妙地向袁术借兵千人，最终占据了江东。难得的是，临终时将权力交到了其弟孙权手中。从此，开启了江东一位更年轻之主孙权的王霸之路。

变通的智慧

当对方给我们画大饼的时候，要不要吃？当然要吃，要不然对方岂不白画了？这个大饼可以吃，但不要真吃，假装吃一下就好，就当给对方一个面子。很多时候，我们也需要给别人画大饼，但这个饼一定要让对方吃上，否则就会失信于别人。在某些情况下，给别人适当地画一下大饼，也是一种生存手段和谋略。

对手放松警惕时，便是快速出手时

人生处处有竞争。在竞争中，有些人常被对手忽视，觉得没有什么威胁，甚至根本没把这些人放在眼里。这些人通常表现得不谙世事，性格温和，胆小怕事，不与人争执，甚至还让人觉得很傻、很天真。

有一种人平时看起来傻乎乎的，甚至很懦弱，其实内心却暗藏杀机，比如大智若愚的司马懿。

建安六年（公元201年），郡中推荐司马懿为上计掾，时任司空的曹操听说司马懿的名声后，派人调用他到其府中任职。然而，司马懿却以风痹症为由，拒绝了曹操的调用。

曹操自然知道司马懿很有可能是在骗他，于是派人暗中监视司马懿，果真是司马懿患病，无法出山……

建安十三年（公元208年），曹操自称丞相（实则就在行使皇权），再次派人去"请"司马懿出山，而且明言如果他再不识相，就将他关进大牢。

于是，司马懿出山了，开启了他在汉末历史及曹魏政权中的装疯卖傻之精湛表演。

《三国演义》第一百零四回，诸葛亮与司马懿在五丈原对峙。诸葛亮见司马懿拒不出战，便派人送去一套妇人的衣服给司马懿，并在信中讥讽他不像个男人。殊不知，司马懿对此不仅表现得从容淡定，不动声色，而且向使者询问了诸葛亮的饮食、起居情况……司马懿闻讯大喜，认为诸葛亮命不久矣。

得知诸葛亮以女人衣物羞辱司马懿，曹军将士不仅十分愤怒，还纷纷要求出战。司马懿见难以阻止将士出兵的怒潮与激情，便以要征得皇帝同意为借口，暂缓出战。当时的魏明帝曹叡看到司马懿的奏章后，也是不解其意。而当

审时度势 变通的智慧

时魏明帝手下一卫尉辛毗则说明司马懿此举之用意，实则是在等待迎战蜀军的最佳机会。

随后，辛毗奉旨来到魏蜀前线传达皇帝旨意，继续坚守且闭门不出，要与蜀军打持久战。果不其然，没过几天，费祎来到五丈原，告诉诸葛亮东吴北伐失利。诸葛亮听罢，长叹一声，昏厥于地，病情愈发加重，不久与世长辞。

在战场上，司马懿如同"懦夫"；在政坛中，司马懿更是把他在曹魏权力角逐中的"傻子"形象玩得不仅逼真，还很高明。

景初三年（公元239年）正月，魏明帝曹叡去世。魏明帝弥留中，吃力地拉着司马懿的手，将太子曹芳托付给曹爽等人。太子曹芳继位时年仅八岁。虽然曹爽是跟司马懿平起平坐的"托孤大臣"，但是没多久，曹爽就联合大臣排挤司马懿——将其改任为无实权的"太傅"，享受"入殿不趋，赞拜不名，剑履上殿"等特权。

面对完全不利于自己的被动局面，司马懿再次把他那种高明"懦夫"（装尿）形象表演得淋漓尽致。如此一位"懦夫"司马懿，他曹爽又有什么可惧怕的呢？

虽然当时诸葛亮表面羞辱司马懿，实则内心是惧怕司马懿的。但曹爽不是诸葛亮，这位自以为是的曹魏宗亲、托孤重臣，显然从骨子里轻视且瞧不起司马懿。因为司马懿就是一个窝囊废，曹爽自然是丝毫不用担心。

殊不知，曹爽此举，在关键时刻给了司马懿最后反败为胜、扭转乾坤的机会。

魏正始八年（公元247年）四月，曹爽把郭太后迁到永宁宫，从此独揽政权。司马懿再次拿出其看家本领"装病"，不再过问朝政。但曹爽担心司马懿在装病，便派河南尹李胜去司马懿府上探听虚实。

面对即将前往荆州任刺史的李胜的"明为拜访实为打探"，司马懿简直搬出了世界级影帝般的演技，躺在床上上气不接下气，像个行将就木之人。李胜一看就放心了，回来对曹爽说，司马懿已时日不多了，不必再担心他。曹爽一听，也就彻底放心了。

时光流转，司马懿即将用他的方式与方法为他的最后成功酝酿着历史上非常著名的一次事件——高平陵政变。

魏正始十年（公元249年）正月，魏少帝曹芳离开洛阳前往高平陵祭祖，时任大将军的曹爽率部护驾，随行前往。

已隐忍了十年的司马懿，抓住这个千载难逢的机会，他先是上奏郭太后废掉了曹爽兄弟的职位，然后召司徒高柔假借"行大将军事"，接管了曹爽的军营。

随后，司马懿亲自率兵勤王，在洛水浮桥驻扎下来，派人向皇帝陈述曹爽的罪状。司马懿顺势而为，表示只要曹爽愿意辞官认错，他依然可以尽享荣华富贵。

殊不知，心气极高但智商极低的曹爽竟然相信了司马懿的话，就随曹芳一同回京。没想到，刚进家门，曹爽兄弟就被司马懿的士兵团团围困。

随之，黄门（官名）张当在司马懿的严刑拷打之下，指认曹爽等人意图谋反。司马懿借此由头，便灭了曹爽及其党羽三族。

魏咸熙二年（公元265年），司马昭之子司马炎接受魏帝的禅让，成为晋朝的开国皇帝晋武帝，司马懿也被尊为"宣皇帝"，庙号高祖。

有一种智慧叫作"糊涂"——揣着明白装糊涂，往往能逢凶化吉，不仅能使自己立于不败之地，而且还能反败为胜，司马懿就是这样的"懦夫""傻子"，却成为最大的赢家。

变通的智慧

在竞争领域中，我们会盯着对手，对手也会盯着我们，大家都很累。怎样才能摆脱这种"互盯模式"？可以通过比如装傻、隐藏自己的实力等方法，让对手放松警惕，不再紧盯着我们，这个时候，我们只需要抓住一个有利的时机，快速出击，就能击败对手。

忍到时机成熟时，打对手一个措手不及

在竞争激烈的舞台上，智慧与策略往往比盲目的冲锋更为重要。真正的强者懂得隐忍之道，他们不急于一时的胜负，而是耐心等待，如同猎豹潜伏草丛，静待猎物松懈之时一击毙命。这种策略强调的是时机的精准把握，当对手暴露破绽或自身准备充分至巅峰时，便是发动致命一击的绝佳契机。

夷陵之战对于蜀汉而言显然是致命的。当时被刘备无比轻视的东吴大都督陆逊，在此次战役之初到最后都是无比清醒与理智的，而且几乎都是在步步为营地引诱刘备进入其伏击圈。

刘备派将军吴班、冯习率领先头部队夺取峡口，攻入吴境，在巫地（今湖北巴东）击破吴军李异、刘阿部，占领秭归。为了防范曹魏乘机袭击，刘备派镇北将军黄权驻扎在长江北岸，又派侍中马良到武陵活动，争取当地部族首领沙摩柯起兵协同蜀汉大军作战。

从战略部署中，确实看不出刘备有什么漏洞。但面对陆逊的"诱敌深入"战术，刘备最大的漏洞就是他的无比自负与轻敌（刘备对东吴大都督陆逊并不了解，对东吴方面没有做到知己知彼）。在完全没有弄清楚陆逊战略意图情况下，就几次贸然急进。

陆逊上任后，通过对双方兵力、士气以及地形诸条件的仔细分析，指出刘备兵势强大，居高守险，锐气正盛，求胜心切，吴军应暂时避开蜀军的锋芒，再伺机破敌，耐心说服了吴军诸将放弃立即决战的要求。随之，陆逊果断地实施战略退却，一直后撤到夷道（今湖北宜都）、猇亭（今湖北宜都北古老背）一线。

公元222年正月，蜀汉吴班、陈式的水军进入夷陵地区，屯兵长江两岸。二月，刘备亲率主力从秭归进入猇亭，建立了大本营。这时，蜀军已深入吴境二三百公里，由于开始遭到吴军的遏阻抵御，便在巫峡、建平（今重庆巫山北）至夷陵数百里战线上设立了几十个营寨。为了调动陆逊出战，刘备遣前部督张南率部分兵围攻驻守夷道的孙桓。殊不知，陆逊深知孙桓素得士众之心，夷道城坚粮足，故拒绝了别人分兵援助夷道的建议。

从正月到六月，两军仍然相持不决。刘备为了迅速同吴军进行决战，曾频繁派人到阵前辱骂挑战，但是陆逊均置之不理。后来刘备又派遣吴班率数千人在平地立营，另外又在山谷中埋伏了八千人马，企图引诱吴军出战，伺机聚歼。遗憾的是，此时的刘备就像日后的诸葛亮面对司马懿，无论是诸葛亮如何挑衅甚至是侮辱司马懿，可人家就是拒不出战。因此，司马懿在五丈原最终熬死了诸葛亮。

虽然这是后话，但是历史的相似性与巧合性让人惊叹，莫非这真是天灭蜀汉。陆逊坚守不战，致使蜀军将士斗志逐渐减退，最后完全失去了进攻前的主动优势。

由于蜀军处于吴境二三百公里的崎岖山道上，远离后方，故后勤保障不济；加之刘备七百多里连营，兵力分散，从而为陆逊实施战略反击提供了可乘之机。

陆逊看到蜀军士气沮丧，放弃了水陆并进、夹击蜀军的作战方针，认为战略反攻的时机已成熟。为此他上书吴王，得到批准后，陆逊便开始了他的夷陵决战部署。陆逊先派遣小部队进行了试探性进攻。这次进攻虽未能奏效，但使陆逊从中寻找到了破敌之法——火攻蜀军连营。

可见陆逊的识势而明，面对大局时的头脑异常冷静与清醒。与其对战的刘备，则完全是相反的心理与状态：急躁、焦虑，甚至出现士气低迷、军纪涣散、军备物资接济不足等问题。

决战开始，陆逊命令吴军士卒各持茅草一把，乘夜突袭蜀军营寨，顺风放火。陆逊的战火伴随风势，迅速燃遍刘备连营几百里，随之，一座又一座营寨在噼里啪啦中化为灰烬。

蜀军大乱，陆逊乘势发起反攻，迫使蜀军西退。

吴将朱然率军五千首先突破蜀军前锋，猛插到蜀军的后部，与韩当所部进围蜀军于涿乡（今湖北宜昌西），切断了蜀军的退路。潘璋所部猛攻蜀军冯习部，大破之。诸葛瑾、骆统、周胤诸部配合陆逊的主力在猇亭向蜀军发起攻击。守御夷道的孙桓部也主动出击、投入战斗。吴军进展顺利，蜀军陷入困境。

刘备乘夜突围至石门山（今湖北巴东东北），被吴将孙桓部追逼，差点被擒，在援军的保护中，刘备才逃入永安城中（又叫白帝城，今重庆奉节东）。

刘备恼羞于夷陵惨败，一病不起。公元223年6月10日，刘备崩于白帝城。

变通的智慧

在生活中，隐忍是和谐相处的润滑剂，它能化解矛盾，促进理解，让人际关系更加稳固。在工作中，隐忍则表现为耐心与毅力，它能让人在逆境中保持冷静，不断积累经验与实力，从而一举突破逆境。在竞争中，隐忍不是逃避，而是为了更好地出击。忍到时机成熟时，打对手个措手不及，才能以最小的代价获得最大的胜利。

既然无力回天，不妨就地躺平

有的人喜欢躺平。"躺平"这个词，总的来说，反映了一种面对生活、工作及竞争压力时的消极应对态度。

在生活层面，它可能意味着接受现状，不再积极追求物质或社会地位的提升，转而寻求内心的平静与满足，通过减少欲望来降低压力。然而，过度躺平也可能导致生活动力不足，影响个人成长与家庭责任。

工作方面，这一态度可能表现为对职业晋升、加班文化及高强度工作节奏的抵触，转而追求工作与生活的平衡，重视个人健康与幸福感。但过度躺平也可能被误解为逃避责任，影响职业发展与团队合作。

在竞争激烈的现代社会，选择躺平可能是对无止境竞争的一种反抗，很多人开始反思成功与幸福的真正含义。然而，真正的智慧在于找到适合自己的平衡点，既不完全放弃努力，也不过度内卷，以更加平和的心态面对生活的挑战，实现个人价值的同时，享受生活的美好。

躺平，虽然有当事人面对时代竞争下的无奈叹息与不无戏谑的些许自嘲意味，但是在特定的历史背景与条件下，也是一种生存哲学。一个王朝的衰退与另一个王朝的崛起，确实不是一个末代王朝帝王所能改变的历史大趋势。胜者王侯，败者寇。既然无力回天，不妨就地躺平，例如刘禅（阿斗）。

有人说刘禅没有任何本事，就是依赖诸葛亮掌控局势，这种说法虽有些道理，但是阿斗在诸葛亮死去后，又依然统领了蜀汉二十九年，但最终刘禅还是选择了躺平。

诸葛亮去世后，蒋琬被任命为尚书令，不久又获得了假节的特权，晋升为大将军、录尚书事。也就是说，诸葛亮去世后，后主刘禅就废除了丞相一职。

蒋琬所主张的北伐方式和诸葛亮有所不同，计划通过水路进攻魏国的魏兴（即当时的西城，今陕西安康）、上庸（时治所在今湖北竹山县堵水北岸）二郡。因此，在那时的蜀汉朝中就出现了明显的两股势力：力主北伐派和反对北伐派。其实在两者中间还存在部分人主张北伐，但认为需要积累实力，待时而发。

公元246年，蒋琬去世，他的职位和权力随即由费祎接替——也就是在这之后，刘禅才算真正开始独立处理国政。《魏略》载："琬卒，禅乃自摄国事。"虽然《魏略》是站在曹魏立场上评述，但是在不同立场上的评价，在更大程度上却真实地还原了历史。

姜维被授权进行北伐，然而费祎始终未答应让他率领超过万人的兵力。费祎针对姜维的提议，给出了他的反对理由："既然连足智多谋的丞相都无法成功北伐，我等又岂能轻举妄动？"

虽然姜维当时拥有权力高位，但是由于他长年在外征战，这在某种程度上催生了蜀汉朝内的更可怕且比姜维更好用的权力势力。这时，陈祗因善于迎合刘禅，逐渐获得了宠信。尚书令吕乂去世后，陈祗顺利接任其职务。

公元255年，姜维再次提议出兵。张翼在朝堂上与姜维争论，他认为国家不宜黩武，小国承受不起连年战争，但姜维并未接受他的建议。在那个炎热的夏季，姜维携手车骑将军夏侯霸、镇南大将军张翼等将领，兵发洮西（今甘肃境内），对雍州刺史王经造成了重大打击。

转回蜀汉朝廷内部，陈祗掌权期间，宦官黄皓开始崭露头角。为了迎合刘禅的心意，陈祗并未对黄皓进行打压，反而与其勾结。陈祗去世后，黄皓得势，姜维的北伐变得更加艰难。连年的战争，让蜀汉国库入不敷出，百姓们也怨声载道。在蜀汉朝堂上，投降之呼声也不绝于耳。

在朝廷上，甚至有人说，刘备之所以能够建立蜀汉，是因为他的准备工作十分周到。而刘禅的名字中的"禅"字意味着退让，这就预示着蜀汉政权也将很快退出历史舞台。

总之，蜀汉后期，国内外局势异常紧张。外部敌人日益强大，内部矛盾重重。无论是民生还是战争，宫中还是朝中，朝廷内部的各种矛盾也是暗流涌动，此起彼伏。

这可能才是后主刘禅扶不起的真正原因吧。

他虽然实为蜀汉君主，但是并没有自己真正的主观上的政治与军事方略。更可怕的是，他后期还肆无忌惮地宠信宦官黄皓，黄皓是个贪财又被曹魏诱骗与收买的佞臣。

到了公元263年，司马昭命令钟会与邓艾等人伐蜀。姜维得知此事后，立即建议派遣张翼、廖化守卫阳安关（今陕西宁强县西北阳平关镇）和阴平桥（今甘肃文县南门外白水江上），以防不测。然而，当时的蜀汉皇帝刘禅信任宦官黄皓，黄皓却因迷信魏军不会来犯，从而没有采取任何防御措施。

蜀汉朝廷面对魏军的威胁，展开了激烈的讨论。有的建议逃往东吴，有的主张投降。其中，谯周的言论颇具讽刺意味：我们现在投降，只需投降一次；但如果逃往东吴，一旦东吴被灭，我们还得再降一次，不如直接投降为好。最终，刘禅决定带领蜀汉君臣投降，并向姜维发出劝降信。面对这种情况，姜维选择了暂且向钟会投降。

听闻这一消息，姜维的部队将士们义愤填膺，纷纷挥刀砍向石头发泄郁闷。于是，在诸葛亮辞世二十九年（公元263年）后，蜀汉帝国正式画上句号。

随后，才有了那段历史上刘禅"乐不思蜀"，被曹丕封为安乐公的结局。

乐不思蜀也好，扶不起的阿斗也罢，其实对于历史人物的评价，几乎都是成功者的评论；而之于被评论者，没有多大意义。从生存学角度看，后主刘禅的"乐不思蜀"之"安乐公"，他的就地躺平也算是一种识势而明吧。

变通的智慧

在大是大非面前，"宁为玉碎，不为瓦全"的气节，是值得歌颂和倡导的。但从个人生存学角度而言，当一个人努力到无能为力，如何也改变不了当前的现状时，适当躺平一下更具有现实意义。在竞争激烈的环境中，适当躺平并非放弃竞争，而是以一种更加从容不迫的心态去面对挑战。成功不仅仅在于速度与效率，更在于持续的努力与适时地调整策略。通过适当躺平，我们能够更好地审视自己的目标与方向，为下一次的冲刺积蓄力量。

站好队不会输，跟对人才有福

"兵熊熊一个，将熊熊一窝"，这句话糙理不糙之言，不仅给了我们生活中的启示，也给了我们成功方面的启迪。假如你是一位良将与贤才，那么你要想成功，就必须有选择明主的眼光与魄力。一旦发现自己的上司或老板不是自己所需要的，或者说与你的人生期望值不相契合，那么你就要有辨识贤主的眼光，同时也要有重新选择新主的魄力，因为"站好队不会输，跟对人才有福"。

在评书《隋唐英雄传》中，被演绎化的程咬金的人生可谓大起大落：程咬金打死盐吏被关入死囚牢，适逢新君大赦而出狱。程咬金不愿意出狱，县令无奈，给他十多两银子，劝他出了狱。

在回家的路上，程咬金遇到一位街头哭诉、无钱葬夫的可怜妇人。虽然程咬金更需要钱，但是他眼里含着泪水，把这十多两白银全给了这位可怜的妇人……

虽然程咬金回到了他那破败不堪的家中，但他几乎无法面对他那被贫穷折磨得近乎奄奄一息的老母亲。因此，他急忙跑到附近粮油店，想买点粮油，以解燃眉之急。

边向外跑，程咬金边伸手去摸他衣兜里的十多两银子。不好，银子呢？莫非是路上跑丢了？不能啊，他包得很紧实啊……转念一想，程咬金忍不住笑了，自言自语："不是给那位可怜的大姐了吗！"

可自己老娘还在家不知多少天没吃顿饱饭呢？不行，怎么也得把米买回去，必须给老娘吃顿饱饭……程咬金抓耳挠腮。

之后，程咬金经历一番左翻右找，终于在一个角落里翻出了一件十分破旧的衣服。对，就先把这衣服当些钱吧。在此，程咬金经历一番耍无赖的折腾，终于惊动了这家当铺东家——尤俊达。

随后，程咬金与尤俊达在小孤山长叶林，劫了靠山王杨林送往京都的八万两皇杠。

后来，程咬金在秦琼的家乡历城贾柳楼四十六友大结义。从此，这四十六友便在不同的岗位与角度上，开始谋划与进行着反隋的活动。

按评书《隋唐英雄传》情节，程咬金开始了三斧子定瓦岗；随之，程咬金在徐茂公的怂恿下，冒险下地穴，有惊无险，反得到大魔国龙袍之类的东西。从此，程咬金便开始了他们轰轰烈烈的瓦岗大魔国起义。

经过隋末十八路反王劫杀下去往扬州看琼花途中的隋炀帝后，最后又因权力角逐与争锋，程咬金脱袍让位给李密——此为程咬金一易其主。按《隋唐演义》情节，这次是程咬金主动把皇位让给了别人。随后，便是瓦岗散将……程咬金无奈与秦琼、罗成巧走洛阳，投了王世充——此为程咬金二易其主。

群雄争锋进入胶着状态时，李渊父子挥师定鼎关中，创建大唐。

后来，程咬金、秦琼又为了各自的利益与价值观而弃王世充，投奔大唐秦王李世民麾下——此为程咬金三易其主。

按正史梳理，程咬金也确实是一易其主李密，而不是程咬金脱袍让位给李密；随后的二易主与三易主都与评书《隋唐英雄传》相同：二易其主王世充，三易其主李世民。

为什么同样是三易其主，汉末的吕布却被人唾骂为"三姓家奴"（一易主义父丁原，二易主且杀义父董卓，三易王允），可与吕布同时期的刘备几乎是十易其主，最后还与程咬金类似，他们不仅不被人唾骂，而且还令后人敬仰，甚至歌颂？

在此不谈刘备，专谈这位三易其主的福将程咬金。之所以称其为福将，是因为有以下几点。首先，他能吃能喝，心宽体胖，这其实是福——心态好，情商高。其次，他子孙多。在古代多子多福，程咬金当然算有福了。再次，程咬金长寿，正史记载程咬金活了77岁，所谓人生七十古来稀，在古代能活77岁的很少，何况程咬金还是武将，武将不容易长寿。最后，程咬金虽历侍多朝，但几乎都能逢凶化吉，遇难成祥。

有一次，李密派他和裴行俨一起去攻打王世充，以此来支援被王世充围攻的单雄信，结果在冲杀的途中裴行俨不慎坠马。于是，程咬金骑着马过去，抱着裴行俨就跑。程咬金被一槊刺中，可程咬金还是大喝一声回身将槊折断，把追击的敌军都看傻了。最后两人逃回营，程咬金没死，便赢得了"福将"的美誉。

程咬金在尔虞我诈的朝堂上站了那么多年，就连武则天也没有拿他如何。难道真的是因为他福星高照、逢凶化吉、遇难成祥？

当年李世民登基后便说要册封他为辅国宰相，认为以他的资历完全可以胜任。殊不知，程咬金拒绝了，反而选择去做一个默默无闻的后方留守。

程咬金最聪明的地方就在于他对武则天的立场，始终保持中立。武则天登基后，他便再次选择了"隐退"，远离了朝堂中心，将其存在感降到了最低。

除此，纵观程咬金的一生，确实不贪权，仗义豁达，恪尽职守。无论是升官还是贬官，他都能坦然接受。

武则天登基，程咬金更是很少去参与朝廷纷争，只想不争不抢地好好度过他的晚年。

福将程咬金能在乱世中生存，功成名就，并得以善终，与其说是他福气大，倒不如说是他自身的实力、独到的眼光、过硬的政治素养以及识大势的能力。也就是说，他站对了队，跟对了人。

> **变通的智慧**
>
> 　　人生处处皆选择,人生的方向是大选择。站在哪个队里,跟哪个人,这同样是大选择。站好队、跟对人很重要。站好队,意味着在人生旅途中选择正确的立场与团队,确保自己与积极、正直的力量同行,自然能稳步前进。跟对人,则是强调要跟随智慧、品学兼优的人,他们的指引与影响能赋予我们宝贵的经验与机遇,让我们少走弯路,从而获得成功。

有理时讲理,没理时讲情

　　虽然有谚语"秀才遇见兵,有理讲不清",但是在现实生活与工作中,我们还是要秉持"有理时讲理,没理时讲情"原则。晓之以理,前提是我们在有理时讲理;动之以情,条件是我们在没理时讲情。这种处事原则与方法,不仅有助于我们快速达到目的,而且有助于缓和矛盾,更有利于找到解决问题的方法。

　　说到狄仁杰,很多人可能最先想到的就是电视剧《神探狄仁杰》,剧中狄仁杰断案如神,屡破奇案,可谓不折不扣的神探;评书《狄公案》讲的也是狄仁杰断案如神的故事。

　　因此,当代人便给狄仁杰送了"东方福尔摩斯"之美誉。

　　那么真实的狄仁杰真是一位神探吗?

　　狄仁杰做大理丞时,断案公平公正,没有冤假错案。有个叫权善才的人误砍了太宗昭陵上的柏树,高宗想要处死他,狄仁杰认为此人罪不当死。

　　接下来,狄仁杰有理有据地解释:按《大唐律》,权善才此举只需要将其贬为庶民。若是陛下因此杀了权善才，百姓就会认为《大唐律》如同儿戏。听了狄仁杰的解释后，唐高宗便免除了权善才的死罪。

可见，狄仁杰更擅长的其实不是如何破案，而是他更深谙大唐律，更精通如何审判案件。因此，被人们津津乐道的《神探狄仁杰》中的狄仁杰，那么高明的侦探及有理有据且丝丝入扣的侦破情节，显然是当代的影视演绎。

武则天极为器重狄仁杰。她如此敬重且信任狄仁杰，关键在于狄仁杰面对任何局势都能冷静处理，结果都很圆满，从中彰显了他的那种文韬武略及老成持重，还有他那深得民心的办事能力。

越王李贞起兵反抗武则天失败后，武则天催促将所有关联案犯就地斩首。狄仁杰奏请武则天，从仁义治天下说起，建议对这些人实行流放。武则天同意了。这些人把狄仁杰视为他们的再生父母，流着泪为他立碑，歌颂他的仁爱之心。

李贞谋反案中，宰相张光辅带兵平叛有功，深得女皇宠信。张光辅便纵容手下抢劫勒索，遭到了狄仁杰斥责。张光辅怀恨在心，便诬告狄仁杰藐视朝廷。

天授二年（公元691年），狄仁杰升为宰相。武则天告诉狄仁杰："你在汝南政绩不错，只是有人在背后告你的黑状，你想知道告黑状的人是谁吗？"

狄仁杰淡然一笑，说："陛下若认为我有过错，请明示，臣及时改正，以效忠陛下；否则，我没必要知道是谁告我黑状。这样，我便会对所有同僚都同样友善。这显然对朝廷与陛下更有利。"如此宽厚的狄仁杰，也确实证实了那句话：宰相肚里能撑船。

不难看出，狄仁杰在女皇面前十分小心，也十分机警聪慧。有如此觉悟，自然深得女皇的信任。这和职场上一样：有能力且十分尊敬上级，自然容易赢得上级的喜欢与信任。

武承嗣三番五次在女皇面前诬陷狄仁杰，但都被武则天以各种理由拒绝。武则天知道，狄仁杰不仅老成持重，还文韬武略过人，而且忠于大唐，尤其并不反对她。因此，她必须倚重狄仁杰来完成更大的使命。

万岁通天年（武则天称皇帝年号）间，契丹攻陷冀州，河北地区人心惶惶。魏州刺史把城边的百姓全部强行赶进城，随之全城进入一级战备状态。不过，魏州刺史很快换成了狄仁杰，他上任第一件事就是放百姓回家。他的理由是：敌人还远，何必这么紧张？万一敌人来了，我自有办法，无需百姓上阵。

圣历元年（698年），狄仁杰为河北道安抚大使。当时，河朔地区很多人被突厥胁迫投降；即便突厥人撤离后，当地许多百姓也不敢回家，甚至有的成了山贼。对此，狄仁杰上书恳求宽恕当地百姓，此举又赢得了当地百姓之心。

狄仁杰用他的仁爱之心，一步步取得了武则天的信任和敬重。武则天甚至尊称他为"国老"，从来不直呼其名。她不让狄仁杰对她行跪拜礼，还告诫官员，如果没有十分重要的军国大事，不要去打扰狄公。

狄仁杰还从亲情入手，用母子关系打动武则天。

狄仁杰和武则天年龄相仿，交流起来没有年龄隔阂。因此，狄仁杰与武则天商谈国事大计，不像君臣，而像一位老兄妹间的谈心与拉家常。如此优势，狄仁杰自然赢得女皇的信任。武则天从房陵接回李显（武则天之子，唐中宗）后，故意把李显藏在帐后。殊不知，狄仁杰再次劝武则天，说到动情处哭泣不止。武则天也感动了，笑着说："还你皇太子……"

狄仁杰之所以能够得到武则天的信任，是因为他关键时刻头脑清醒，且断势明晰，能为武则天分忧解难。狄仁杰大公无私、公正为民、文武兼备、有勇有谋，有理时讲理，没理时讲情，这样的狄仁杰，谁不喜欢呢？

变通的智慧

在面对问题时，若事实清楚、道理明确，则应有理时讲理，以理服人。而当理不在己方或情况复杂难以辨明时，不妨转而以情动人，用理解与包容去打动对方，维护和谐的人际关系。这种灵活的处理方式，既体现了对规则的尊重，又不失人性的温暖，是人际交往中变通的智慧。

知其心中所虑，牵着他的鼻子走

在与人相处或引导他人时，我们首先要深入了解对方的内心世界，包括其忧虑、动机、需求等。通过细致入微的观察与沟通，我们才能够洞察对方真正的关切与顾虑，从而找到影响其行为的关键点。也就是说，只有知其心中所虑，才能牵着他的鼻子走，从而让事态朝着有利自己的方向发展。

元朝末年，元顺帝昏庸无道，当年那个放牛娃朱重八（即朱元璋）虽并不是第一支起义力量，但是他于1368年在应天（今江苏省南京市）称帝，国号大明。这里不谈那位朱重八的超凡之处，而主要聊聊他坐上龙椅后，曾与他同生死、共患难的兄弟们的下场。

关于朱重八乱石山七兄结义，在评书《明英烈》中描述得感天动地，其情节也可谓曲折生动。老大武殿章，应该是小说演绎人物。在野史里面武殿章和朱元璋关系非常好，他文武双全，跟随朱元璋打天下立下汗马功劳，南征北战，最后善终。老二胡大海，是一个真实的历史人物。他所统率的部队纪律严明，不干扰百姓生活……他也为朱元璋的大明朝立下了汗马功劳，遗憾的是胡大海死得非常惨：1362年，胡大海视察防务时被叛将蒋英用锤子打死。明朝建立后，胡大海被追封为越国公，配享太庙。老三汤和，战功显赫，被封为信国公。汤和是明初为数不多的得以善终的开国功臣，其实这与他的性格不无关系，他为人谦和，泰而不骄；能力超凡，谨小慎微。说白了，就是汤和虽然能力超凡，劳苦功高，但是他无论做人还是做事，都非常到位，让人（曾经他的四弟，日后他的皇帝陛下）挑不出毛病。最关键的是，他深谙君臣之道，更懂得"鸟尽良弓藏，谋极身必危"的人性真谛。

下面不谈乱石山其他兄弟，专谈老三汤和，因为他在朱元璋兄弟及开国功臣中，是少之又少的得以善终者。汤和，从元顺帝至正十二年（1352年）参加红巾军开始，南征北战十余年；明朝建立后，他又以开国元勋的身份如履薄冰地生活了二十七年。

在那个动荡的岁月，汤和能够寿终正寝，堪称奇迹。不管是在洪武四大案、锦衣卫的特务活动以及日后的反腐惩贪等重大政治事件中，汤和都能置身事外。

汤和加入郭子兴义军被授予千户。在占滁州、定太平、取集庆的历次战役中，他都屡破元军，因此被授予行军统帅。至正十七年（1357年），汤和镇守常州，多次击败张士诚部。至正二十七年（1367年），汤和率部进军浙东，最终消灭了方国珍部，俘获敌人约两万四千人、海船400余艘。随后汤和率部进攻福州，俘获占据延平的陈友定。而后，汤和跟随大帅徐达征伐宁夏、山西等地。洪武四年（1371年）汤和被封为征西将军，率水师沿长江直抵重庆，迫使夏国主明昇投降。洪武十一年（1378年），汤和被封为信国公。

也就在这之后，十分了解朱元璋的三哥汤和便主动请辞，获准。洪武十七年（1384年），明朝东南受倭患困扰，汤和奉命巡视东南地区海防。洪武二十年（1387年），接受方鸣谦建议，汤和在浙江沿海先后筑城五十九处，加强了东南地区防务，使倭寇无法侵入。

洪武二十一年（1388年）汤和以年迈为由，自请还乡，于洪武二十八年（1395年）八月病卒。

面对曾经的结义四弟，汤和早已是心领神会。因为曾经的兄弟及战友们都曾在这位皇帝的暗流汹涌中成为历史，所以时年六十二岁的汤和便趁着眼前这位洪武大帝难得的欢喜时，主动请辞。

面对汤和的请辞，这位洪武大帝确实还要把面子给足，把属于他自导自演的帝国皇权大戏演好，关键要演得逼真。朱元璋一听汤和主动请辞，虽暗自欢喜，但脸上不露痕迹，反而眉头一皱问汤和："你只比朕大两岁，今年才六十二岁，怎么就年事已高了？"

听听当时的汤和回答之巧妙，就可以看出汤和不仅是战场上的能征善战之将帅，更是生活中的聪明智者。

面对曾经的四弟、那位曾经的放牛娃、如今的洪武大帝的"关怀"之语，汤和故作无奈地叹口气说："臣哪里敢跟真命天子比，实在是精力不济难以再为陛下效力，请陛下给臣一些赏赐回乡养老。"

接下来是这对曾经的结义兄弟间的看似不无戏谑，实则十分完美的一问一答："那你想要什么赏赐呢？""请陛下赐臣一百美女吧。"刚说自己精力不济的汤和，讨赏马上就变得精神起来。

正当曾经的战友在为汤和的话担忧（担心他的这讨赏会有欺君之嫌——证明他精力不是不济，而是十分旺盛啊）之时，殊不知，朱元璋哈哈大笑，一挥手就准了汤和的奏请。

曾经的兄弟，现实中的君臣，彼此心知肚明的一唱一和，不仅使汤和讨得百位美人归，而且还使其功成身退，善始善终。

在与人交往中，只有知道对方心里是怎么想的，才能牵着对方的鼻子走。例如，在事业方面，曾经的合伙人，如果彼此出现了最后利益的分歧或原则上的不相容时，主动一方很可能要对被动一方采取看似不讲情面的手段或措施。假如你遭遇如此境遇时，那你不妨采取让对方看不起你，认为你任何时候都不会对其构成威胁的变通举措，让其对你放心。比如，你的合伙人在做某种行业，那你在即将离开他时，你许诺不再做他这个行业之类的变通之词，那么你就会获得更大的利益保证。

变通的智慧

知其心中所虑，牵着他的鼻子走，这并非操控或欺骗，而是在尊重与理解的基础上，运用心理学原理，构建更加和谐与高效的人际关系。无论是领导者、谈判者，还是普通个人，都应努力培养这种"知其心"的能力。在商业谈判、团队管理或日常沟通中，这种能力很重要，它能帮助我们化解冲突，并促进合作与共赢。

第二章 取势而清 抓住时机定大局

《鬼谷子》说:"势者,利害之决,权变之威。"那些掌握势之人,既能决定利害得失,又能发挥权利变化的威力。取势就是顺应时局,取时势为我们所用。时势是需要争取的,否则就会失去乘风而起的契机。平时多观察、多思考,在时机到来时,一定要尽力争取,并勇敢行动,这样才能改变自己的人生。

做个对自己都狠的人，别人才会高看你一眼

"要对自己狠一点"，这句话听起来可能有点让人打颤，但其实它说的是一种积极向上的人生态度。我们都明白，人生路上不会总是一帆风顺，有时候就得逼自己一把，才能跨过那些看似过不去的坎儿。但有些人的狠，并没有用在这方面，而是用在了不择手段地谋取利益上面。

《三国演义》第十九回，刘安杀妻款待刘备的故事，让人读了五味杂陈。与此类似的故事，发生在战国时期的吴起身上。吴起确实是个狠人，一个对自己都狠的人。

吴起历仕鲁、魏、楚三国，助鲁败齐，助魏破秦，变法以强魏、楚，通晓兵、法、儒三家思想，在内政及军事上都成绩斐然。吴起著有《吴子兵法》一书，后世把他和孙子连称"孙吴"。

吴起出生于卫国的商贾之家，虽然家庭富裕，但政治地位不高。他虽年轻，却有鸿鹄之志。早年他想要走仕途，遗憾的是，他不仅没有成功，还败光了家产。

吴起落魄地回到家乡，乡亲们看他笑话，他一气之下怒杀了三十多人。逃跑离乡之前，曾向他的母亲告别。他狠狠咬了一下自己的胳膊，当时鲜血直流，他发誓说"将来做不了卿相，绝不回家"。

他在外闯荡数年，母亲与世长别，他也没有归乡拜祭，为其扶灵。他的老师曾子，对他很失望，也很气愤，断绝了与他的师生关系。吴起这才游走各国，学习兵法。

后来，吴起辗转到了鲁国，勉强得了一个职位。

周威烈王十四年（前412年），齐国进攻鲁国，鲁国国君想拜吴起为帅，但

因为吴起的妻子是齐国人，国君对他有所怀疑。于是，吴起回家便杀死了他的妻子，以表示对鲁国的忠诚。由此可见，吴起是个狠人。

鲁国国君终于任命吴起为帅，率领军队与齐国作战。吴起率鲁军到达前线，先以老弱之卒驻守中军，然后出其不意，以精壮之军突袭齐军，鲁军大获全胜。由此，吴起成名于鲁国。

随之，也引起鲁国群臣的非议，流言四起。而流言无非都是有关"杀妻求将"，没有回家为老母奔丧而被曾子驱逐之类的。由此也衍生出对吴起更进一步的舆论攻击：吴起是个残暴无情的人。

鲁国虽然战胜，但是国君担心因此而引来他国觊觎，故辞退了吴起。

吴起听说魏文侯贤明，便去游说他。文侯问李悝：吴起是什么样的人啊？值得重用吗？李悝回答：吴起虽然贪财好色，但是兵法韬略就连穰苴（田穰苴，又称司马穰苴，春秋末期齐国军事家）也不及啊。于是，魏文侯任命吴起为将军，率军攻打秦国。吴起也没有给魏文侯丢脸，他攻克了五座城邑。

魏文侯因吴起善于用兵，廉洁而公平，能得到士卒的拥护，就任命他为西河（今陕西合阳一带）的守将，抗拒秦国和韩国。周威烈王十七年（前409年），吴起攻取秦河西地区的临晋（今陕西大荔东）、元里（今澄城南），并增修此二城。次年，吴起攻秦至郑（今陕西华县），筑洛阴（今陕西大荔南）、合阳（今陕西合阳东南），尽占秦之河西地（今黄河与北洛河南段间地），置西河郡，任西河郡守。这一时期他曾与诸侯大战七十六场，全胜六十四场，可谓东开西拓，拓地千里。特别是周安王十三年（前389年）的阴晋之战，吴起以五万魏军，击败了十倍于己的秦军，成为中国战争史上以少胜多的著名战役之一，也使魏国成为战国初期的强大的诸侯国。

吴起镇守西河期间，强调兵不在多而在治。吴起治军不仅严明公正，而且他的饮食与衣着，全都跟士卒中最下级的相同。士卒中有人生疮，吴起就用嘴为他吸脓。这个士卒的母亲知道这事后感动得大哭起来。

魏文侯死后，吴起继续效力于他儿子魏武侯。武侯曾与吴起一起乘船顺西河而下，船到中流，武侯说，美哉乎山河之固，此魏国的宝贝啊。吴起对他说，国家最宝贵的是君主的德行，而不在于地形的险要。

吴起任西河的守将时，威信很高。魏国选相，很多人都看好吴起，可是最后却任命田文（魏贵戚重臣）为相。

田文死后，公叔痤任相——他妻子是魏国的公主。公叔痤对吴起非常畏忌，便想害吴起。此时的武侯对吴起也有所怀疑而不信任他了。吴起害怕武侯降罪，于是便离开魏国到了楚国。

楚悼王听闻吴起很能干，吴起一到楚国就任其为相。吴起严明法令，裁撤冗余，废除疏远公族，节约钱粮，养兵备战。吴起为楚国相期间，最与前任不同的是，破除纵横捭阖的游说外交方略，而重在备战养兵，图谋发展国力。因此，他南定百越，北并陈、蔡，并击退了韩、赵、魏的扩张，又西征秦国……

吴起在楚国实行变法时得罪了贵族，楚悼王不幸去世后，楚国贵族和大臣叛乱，并且攻击吴起。无奈，吴起跑到楚悼王的尸体旁，意在以此促使作乱者有所顾忌。殊不知，追杀吴起的楚国贵族还是射杀了吴起，箭也射到了楚悼王尸体上，这一年是公元前381年。

吴起临死都要拉着这帮老贵族垫背，体现了他的狠辣和智慧。因为按照楚国的法律，一旦触犯国王身体的话，将要被灭族。果不其然，新楚王一上台便将这七十多位老贵族全部杀掉。身死都能为自己报仇，够狠！够绝！

同样的狠人吴起，为什么会在不同时期，或在同一时期的不同老板面前，结局迥然不同呢？或许这就是吴起的时运吧，或者说是历史的必然。

变通的智慧

一个人对别人狠，别人会心生畏惧，对他有所提防。一个人对自己狠，别人会心生敬意，对他高看一眼，因为这样的人才能成大事。无论是学习新知识、挑战新工作，还是改掉坏习惯，我们都需要对自己狠一点。这并不意味着要虐待自己，而是要有决心、有毅力，不轻易放弃。因为只有这样，我们才能不断突破自我，成为更好的自己。

规则之内没办法，就用规则之外的办法

有句戏谑之言：解决不了问题，就解决掉制造问题的人。这句话虽然不能当真，但也为我们提供了一种灵活变通的解决问题之道。无论做人还是做事，我们都会被各种规则所束缚，我们也应该遵循各种规则，这样社会才能正常运转。但是在特定的情况下，只有打破规则的束缚，我们才能更好地解决问题。如果规则之内没办法解决问题，那就用规则之外的办法去解决。

春秋末年到战国时期初期，确实如孔子所说的是"礼崩乐坏"时期。那些原本执念于周礼的诸侯王及达官贵族们，在那个用武力说话的硝烟弥漫的时代，其思想都显得与那个时代格格不入了。因此，才有宋襄公"半渡不击"的具有讽刺性的败局。而在同时代的霸主中，无论是齐桓公，还是晋文公、秦穆公、楚庄王等，他们的胜利及称雄之道，其实就是"规则之内没办法，就用规则之外的办法"。在汉代，汉高祖刘邦与吕雉（吕后）对于这样的手段更是应用自如。

汉高帝十一年（前196年），于西汉王朝而言，确实是灾难性且关键的一年：韩信旧部陈豨谋反，刘邦亲率大军将其斩之；刘邦诬陷梁王彭城谋反，将其剁为肉酱；淮南王英布反叛，最后也落得个被诛杀全族的下场。而就在刘邦平叛陈豨回来的路上，刘邦接到吕雉的来信"韩信已除，陛下勿忧"，刘邦看完信后，仰天长叹、感慨不已。

纵观韩信的一生，背水一战，四面楚歌，十面埋伏，明修栈道、暗度陈仓，置之死地而后生，"韩信点兵，多多益善"……

如此辉煌显赫的韩信，在投靠刘邦前虽然命运坎坷，但是足以彰显其超凡的忍耐力及高情商——曾寄人篱下，漂母饭信，胯下之辱……

如此智商、能力、情商高的韩信，又在庆功表彰大会上取得刘邦的"五

不死"金牌（"见天不死、见地不死、见君不死，没有捆他的绳，没有杀他的刀"；也有"三不死"之说，即"见天不杀、见地不杀、见铁不杀"），为何最后却死在吕雉手中呢？

《史记·淮阴侯列传》里记载，大意为：韩信与曾经的部将陈豨合谋里应外合造反。

当时有一个门客得罪了韩信，被韩信囚禁，打算杀害。门客的弟弟写信告诉吕后韩信即将谋反。吕雉谎称谋反的陈豨已死，让韩信进宫参加庆功会，韩信一到，随即被杀。

这个说法明显存在漏洞，有不合情理处。起码存在这样的漏洞："兵仙""神帅"韩信自然是精通战法谋略，假如韩信谋反计划被其部下得知，应即刻起兵才是。更大的漏洞是：吕雉说陈豨已死，要韩信去庆贺，这个说法同样不合理。刘邦亲自去镇压的，开庆功会，也要刘邦回来了才开的。哪有最高领导还没有回京，就开庆功会的。

既然韩信如此精明难出漏洞，又有皇帝"五不死"免死金牌，吕雉又是怎么杀了韩信的呢？其实也不难理解，识势而明，头脑不混沌。何况，刘邦与吕雉夫妻间，自然是没少谋划如何除掉一切对他们皇权有威胁的人。即使是"兵仙""神帅"韩信也与我们当前的职场打工人大同小异，甚至说本质是一样的，充其量韩信是位高级打工者。皇帝让臣去死，臣又如何能不死呢？

至于韩信真实的心境如何，我们无法准确猜测，但是历史给我们的说法就是：韩信最终来到长乐宫，刚进门，就被吕雉事先安排好的一群宫女将其迅速擒拿，且被蒙在被里。

"韩信先生，你还有什么要说的？"吕后冷冷地问。

韩信知道欲加之罪何患无辞，觉得此时辩解毫无意义，"人为刀俎，我为鱼肉。"

然而，韩信在绝望瞬间突然又似乎看到了生命的最后一丝光明："五不杀"，即"见天不杀、见地不杀、见光不杀、见铜不杀、见铁不杀。"

至于几不杀并不重要，重要的是吕雉不用这其中的方法处决韩信就不算违抗圣旨了，这也算是她们的一种识势而明，看清形势，头脑清醒，做事自然会想出突破口与方法。既然五不杀，那么我们用另外的方法处决你不就两全其美了。

钟室里黑漆漆的，不见一丝光，地上还铺着地毯，保证了不见天，不见地，也不见光，然后吕后命一群宫女用竹竿打死了韩信，这就完美避开了不能杀韩信的情况——用竹竿打死韩信，自然没有用铁器处死韩信啊。因此说，吕雉她们确实巧妙避开了刘邦给韩信的"五不死"。规则之内没办法，就用规则之外的办法。吕雉的手段果然高明。

张良为保韩信诱使汉高祖刘邦写下赦书："见天不杀，见地不杀，见铁不杀"是演义中杜撰的情节。但天下基本大局已定后，作为皇帝的刘邦削弱韩信势力，剥夺其兵权，确实为真。这也符合常理，符合当时的君臣逻辑。于是，刘邦把韩信从"齐王"迁封为"楚王"，意思是调离他曾经"耕耘"多年的地方，这就叫断其枝蔓。做此似乎还不放心，随后刘邦假借有人说韩信有谋反之意，把他又从楚王贬为淮阴侯，并把他置于眼皮底下，只要韩信老老实实，刘邦断不会加害于他。

我们可以反推这个结论，吕后和萧何杀掉韩信后，刘邦得到消息时的第一反应是："且喜且怜之"。喜的是终于除去了心头之患，怜的是韩信立下了不世之功就这样死去，令人痛惜。

变通的智慧

规则是人制定的，所以是可以改变的。如果实在没办法改变规则，那就寻求规则之外的办法。办法总比问题多，只要用心去琢磨，一定可以在不违反规则的情况下，用规则之外的办法解决问题，这是一种变通思维。无论在生活中还是在工作中，要想更好地生存和发展，就要懂得规则、研究规则、突破规则。当然，如果有能力的话，最好成为规则的制定者。

不死就是幸运，活着就要"开挂"人生

在浩瀚的宇宙与无常的世事面前，每个人的生命都显得如此脆弱而宝贵。其实，不死即幸运。我们都应该珍惜每一次呼吸，感激每一次醒来，因为生命的延续本身，就是一种难得的恩赐。既然活着，就要勇于挑战自我，不懈追求梦想，让生命绽放出最耀眼的光彩。历史上的张苍在这方面是我们的榜样，他不但活到了一百零四岁，而且人生一路开挂。

《史记·张丞相列传》这样记载张苍：受高祖之命，定章程，苍本好书，无所不观，无所不通，还著《张苍》十八篇。张苍确定了汉初《九章算术》，这就是他"定章程"之杰作。另外，他确立汉初的度量衡制度基本上是沿袭秦制。

张苍如此精通秦制，确实与其家庭背景及工作经历有关。他初为秦御史，掌管四方文书。张苍任大秦帝国御史之时，刘邦是沛县泗水亭长，萧何任沛县主掾吏（县令属吏）。也就是说，当时的张苍无论是身份还是官位都远高于刘邦与萧何。张苍的出身更辉煌：他曾是荀子的关门弟子，与当时著名的李斯、韩非子为同窗；其祖父张仪为秦国丞相，当时是享有盛名的纵横家。

然而，命运的转折让他与刘邦和萧何的命运大相径庭。刘邦斩白蛇起义，在楚汉争雄中，高唱垓下凯歌，最终由一名亭长纵身一跃为汉王，西汉开国大帝。随之，那位曾经的沛县小吏萧何也一跃成为汉初三杰之一，成为西汉开国第一相。

后来，这位曾大名远超于刘邦与萧何的张苍却因触犯法律，被判处了死刑。有的说，由于张苍工作不认真而被敌军焚烧了汉军的军粮。因此，张苍被押上了刑场。就在刽子手即将行刑之时，王陵（西汉开国功臣之一，安国侯，与雍齿交好，早年被刘邦以兄礼相待）路过刑场，见张苍相貌非凡，赶忙喊

道:"刀下留人啊!"刽子手停下后,王陵转身就跑去找刘邦求情,张苍这才死里逃生。

再后来,张苍的官越做越大,还是没有忘记王陵的救命之恩。把王陵当作自己的父亲一样侍奉。王陵死后,每当休假的时候,张苍都是沐浴之后才去拜见王陵夫人,送上精美的食物,这个时候张苍已经当上丞相了。

当年王陵一句话,挽救了即将踏入鬼门关的张苍。殊不知,张苍不死,也再次开启了其"开挂"的人生之路。

陈余打跑了常山王张耳,张耳投归汉王,汉王就任命张苍为常山郡守。随后,张苍跟随韩信攻打赵国,张苍擒获陈余。赵地被平定之后,调任赵国为相,辅佐赵王张耳。张耳死后,辅佐赵王张敖。然后,他又调任代国为相,辅佐代王。燕王臧荼谋反时,张苍以代国相国的身份跟随刘邦攻打臧荼有功,于高帝六年(前201年)被封为北平侯,食邑一千二百户。同年累迁为计相,为主计。高帝十一年(前196年)被任命为淮南王相。吕后当政时,被擢拔为御史大夫。吕后死后,张苍等协助周勃立刘恒为帝。文帝前元四年(前176年),张苍官拜为丞相。文帝前元十五年(前165年),张苍因病辞职。景帝前元五年(前152年),张苍去世,享年一百零四岁。就这履历和寿命,实在令人佩服!

与大多数学者不同,张苍的学术实用性很强,他更关注解决问题,将理论研究跟国计民生相结合,对促进当时的经济发展和社会进步意义重大。这就不难理解,张苍为何八十岁了还被提拔为丞相,且一直干到九十五岁。

其实公允地讲,西汉初年之繁荣发展,张苍貌似默默无闻,实则是当时乃至中国历史上少有的集文治武功与政治学术于一身的大成者。可不无戏谑的是,后人则被他离奇的经历和"养生之道"所吸引,便把他塑造成了"八卦明星"。例如,他一生娶妻多达百人,晚年后喜欢喝人乳,等等。

张苍大难不死,虽然有些侥幸色彩,但是随之其辉煌"开挂"的人生,显然不都是因其幸运。他能在吕后执政中被擢御史大夫,历侍文帝为相,至景帝时百余岁得以善终,这一切都深藏于他那与众不同的超凡智慧中。

> **变通的智慧**
>
> 只要活着，就要拼搏奋斗，就要活出样子来，过上自己想要的生活。换个思路，人生就像打游戏，不仅要活着，还要活得风生水起，把每一天都当成升级打怪的机会，不断解锁新技能，不断收集新装备，不断晋级！开挂的人生，会比任何小说、电影都要来得精彩绝伦，让别人看了都会说："哇，厉害！"

用人时人是利器，不用时人是盾牌

职场上经常会出现这种现象，上司会这样说："小王，这个项目你得多费心点，咱们团队就靠你了！"说得你热血沸腾，感觉自己就是拯救世界的英雄。可项目一完，庆功宴上没你名，加班补贴也少了你的份，再想找上司聊两句，人家不是开会就是出差，那背影，比风还快，留给你的，只有一脸蒙圈和满满的疑问："我是谁？我在哪儿？我在干吗？"这还算是不坏的结局，如果项目一旦出现了问题，上司则会这样说："这个问题，我早就说过，但是小王太疏忽了。"你成了那个背锅侠。

"卸磨杀驴""用人朝前，不用人朝后"，此类俗语听起来令人有些心寒，这种思维与行为也反映了有些人"利己与排他"的人性之恶。在古代历史政权与利益争斗中，许多胜利者似乎都在乐此不疲地为旁观者上演着"用人时人是利器，不用时人是盾牌"的剧情。汉景帝与他的老师晁错，便是此剧情的绝佳演绎者。

晁错生于汉高祖七年（前200年），死于汉景帝三年（前154年）。虽然他师从法家，但是他因整理儒家典籍《尚书》而被汉文帝重用。以此为契机，他以《言太子宜知术数疏》宣传他的法家思想治国方略。除此，晁错又以《言兵事疏》《贵粟疏》和《举贤良对策》等出色的政论文而迅速走红于西汉士大夫阶层。随之，晁错的《守边劝农疏》和《募民实塞疏》两篇文章，提出增强边防具体建议，提议移民边疆守卫国土。晁错的建议虽然未被文帝采纳，但其扶摇直上，在其完成《举贤良对策》之后，他的职位就由太子家令变为中大夫了。尽管文帝未采纳晁错的主张，但太子对晁错的文章极为赞赏。

晁错虽被文帝封为博士，但是晁错热衷于改革。他不断上书给文帝，发表了一连串的改革建议，并获得了当时太子的欣赏。因此，汉景帝继位，此时西汉已在汉文帝的建设下，无论是政治还是军事方面，都颇有成效，天下太平。而初时陪伴在汉文帝身边辅佐的老臣们，也是退休的退休，离世的离世，这就使得汉景帝的统治较为自由。

在这样一种宽松的政治环境下，晁错在景帝的极度推崇中，开始了他大刀阔斧般的政治主张与改革：此时的西汉实行郡国并行制，于是各地诸侯们的野心日益凸显，汉朝面临随时遭到叛乱的风险。再就是汉朝的商贾势力愈发庞大，因此平民百姓们常常受到他们的压榨，也就导致贫富差距扩大加剧。

对于诸侯的野心，晁错早在汉文帝时期便提出削藩之法，然而那时的汉文帝不愿冒险，于是并未采纳此意见。

汉景帝二年（前155年），晁错向汉景帝进献削藩之策。晁错的父亲连夜从老家赶来，劝晁错停止削藩。晁错笑道："如不削藩，天子不尊，国家不宁！"晁父哭道："可是如此削藩，刘家安宁了，晁家就要亡了！"随后，晁错父亲服毒自尽，但晁错不为所动，继续劝汉景帝削藩。

殊不知，十几天后，西汉历史上著名的"七国之乱"爆发。吴、楚联军以"诛晁错，清君侧"为名，向长安进发。汉景帝问计晁错，该如何应对七国叛军？

晁错说道："陛下御驾亲征，微臣坐镇长安。"《史记》载："错欲令上自将兵，而身居守。"汉景帝听后淡然一笑，从鼻孔中哼了一声，算是对他曾经无比推崇与信任晁老师的反应。随之，汉景帝问计袁盎，袁盎原本为楚国人，且与晁错素来不和，便借机阐明他的观点："吴国、楚国来信，高祖陛下分封列国，已延续数朝之久。如今陛下听信晁错之言，取缔诸侯、削减封国，所以诸侯联合西来。只要诛杀晁错，停止削藩之举，七国之乱自然平息！"

面对袁盎的提议，汉景帝沉默良久。《史记》载，他说："顾诚何如，吾不爱一人以谢天下。"

对于汉景帝的动摇，以及对晁错老师的抛弃，在胡玫导演的历史大剧《汉武大帝》电视连续剧中塑造了一个经典镜头：屋外是纷纷飘落的雨水，屋内是晁错与汉景帝师生的真心道白。景帝敬了晁错一杯酒，嘴角似乎挤出一丝痛苦而显得僵硬的笑意，轻声说："老师，您曾教过学生，错的就是错的，对的就是对的。但自从学生当了皇帝，发现有时真的是对错难分啊。有时明知为错却要做，而有时明知是对的却不能去做。"

望着景帝熟悉的面庞，晁错瞬间感到眼前这位学生既熟悉又陌生，沉默良久，轻咳一声，发出一种嘶哑的声音道："可臣依旧觉得：到头来，对的还是对的，错的还是错的！"

师徒二人沉默良久，空气都瞬间变得凝固起来。最终又是景帝打破了宁静，说："老师曾教学生，毒蛇吮指、壮士断腕。朕贵为天子，不应念一人之生死，不以一人之爱而乱天下。"

晁错起身说道："陛下不必多言！晁错不敏，侍奉陛下二十年，知遇之恩没齿难忘。"

"雨过天晴，臣也该上路了！"一句"晁错不敏"，似乎道尽了二十年师生情谊，也道出晁错对景帝妥协的失望……

"若错但可谓之不善谋身，不可谓之不善谋国也。"此李贽对晁错之感叹，也算是评价。西汉名士晁错，一生成就颇丰，然而却被汉景帝处以极为残酷的刑罚——腰斩。那么，汉景帝处死晁错，究竟是对还是错呢？

> **变通的智慧**
>
> 人与人交往，不可否认存在利害关系与利益冲突，但万不可做伤害别人的事。谁都不是傻子，一次两次可以，但往后估计就没往后了。人与人之间应该多些真诚，少点套路。虽然"人生如戏，全靠演技"有点道理，但真诚才是最长久的套路。我们得学会感恩，学会在需要与被需要之间找到那个平衡点，让情谊的小船乘风破浪，而不是说翻就翻。

自己必须是好人，坏人让别人当

一个人有了"好人"的人设，就像穿着闪亮的白衬衫走在阳光下，人人点赞，心情舒畅。而一个人一旦被贴上了"坏人"的标签，则人人敬而远之，背地里还会被吐口水。谁都想当好人，但好人可不是说当就能当的。有的人假装自己是好人，却做着坏事，这样的事在古代历史中有很多实例。

历史中的皇权或是皇储之争，其实没有本质上的对与错、是与非。因为面对皇权（权势名利）的诱惑，没有多少人能够真正放下贪欲及对其觊觎的执念。因此，历史争斗中的胜利者，很多人都有"自己必须是好人，坏人让别人当"的本领。可以说，他们都是演技高超的演员。

开皇八年（588年），年仅二十岁的杨广统帅隋军南下灭陈，随之被晋封太尉；两年之后，杨素等平定江南后，杨广又任扬州总管。伴随其职位的累迁，杨广开始觊觎太子之位。

虽然杨坚贵为隋文帝，但是他在皇后独孤伽罗的严管下，可以说是小心翼

审时度势 变通的智慧

翼地生活，尤其在面对女人方面。据说，杨坚因皇后生病，独自在后宫无聊，便情兴中宠幸了一个姓尉迟的宫女。殊不知，独孤伽罗知道此事后便对尉迟宫女痛下杀手……

当时的太子是杨勇。太子杨勇在男女问题上，恰恰与皇后老妈不合拍。因为杨勇的太子妃是大臣元孝矩的女儿元氏，是皇后老妈亲自为他选定的正妃。可是杨勇十分不满意，故此对元氏也爱搭不理的，郁闷的元氏在开皇十一年（591年）去世了，身后也没留下儿女。与其形成鲜明对比的是，杨勇的侧室生养了一大群子女。皇后独孤伽罗是极为重视嫡系子女的，可杨勇偏不爱正妻爱侧室的行为，必然引起他皇后老妈的极大不满。

而在这方面，次子杨广（时为晋王）恰恰能投老妈所好，在父母面前不仅表现得十分谦恭至孝，而且与王后萧氏更是情意绵绵。不仅如此，杨广还十分

简朴低调，这一点恰恰又十分令皇后老妈高兴。与此相反，当时的太子杨勇却行事高调，太子宫也布置得十分奢华。一边是太子宫的无比奢华，另一边是晋王府的简朴低调，泾渭分明的杨勇与杨广的优劣，在皇后老妈的心目中，已是不言自明了。如此一来，杨广的好人人设算是立住了。相反，杨勇就是那个坏人的人设。

要说这外表只是一种催化剂的话，那么杨广更胜杨勇的杀手锏，是他在军队高层及朝廷重臣中树立了远高于太子杨勇的威信。与此同时，杨广还拉拢了政治死党宇文述、杨素、宇文化及一干人等。

宇文述就是日后在江都逼杨广自缢的那个宇文化及的老爹。宇文述拉拢了朝廷重臣杨素，这样的形势对杨勇大为不利，一些对杨勇不利的流言随之也飘进了杨坚夫妇的耳朵。

杨素趁机又对杨勇烧了一把大火：有一回，杨素奉杨坚之命到太子府探听情况，本来通知了到达的时间。殊不知，杨素故意延误不到，这下惹怒了太子，杨勇见杨素后便十分不耐烦，大有申斥之意。原本，太子申斥大臣延误不到，也天经地义。可问题在于，这事有杨坚背后支持。杨勇应该不会想到，这是他老爹杨坚的圣意所使。否则，再傻的杨勇也不可能明知道老爹老妈都不待见自己了，还故意逆而为之。当然，杨素延误之举，杨坚也没有向坏处联想。

可对于杨勇而言，问题坏在了他的任性与单纯上，甚至是缺少政治斗争中的情商及足够的政治力量与军事支持。

另一边的杨广，不惜动用万金早已笼络了杨素之流，让这些人替自己做事：坏人就你们去当吧。

真可谓，顺势一把火，星火便可燎原。更何况，杨广暗地里烧的是如此一把大火呢？

杨素回奏杨坚时，自然是对杨勇一番无中生有且添油加醋的描述：说杨勇还对皇帝满腹牢骚，且有大不敬之意。原本是杨素先有错（或者说是其失君臣大礼在先），可他倒打一耙，反咬太子杨勇一口……

关键时刻，不怕没好事，就怕没好人。经过杨素如此一番添油加醋式的添

审时度势 变通的智慧

火助燃，杨坚已到了近乎无法忍受的边缘。恰在此时，杨广又指使太子府一个叫姬威的人诬告杨勇谋反。这下问题可大了，这已不是生活问题了，直接上升到政治问题了。

开皇二十年（600年）十一月，杨坚终于废掉太子杨勇，改立杨广为太子。杨勇不断喊冤，随之也恍然大悟，但可怜的是，杨素谎报杨勇已疯，被圣旨圈禁于原太子府中。虽然杨勇想再见父皇母后申诉一番，遗憾的是，他没有这个机会了。

604年7月，杨广在父亲去世后登基称帝。废太子杨勇已被幽禁了四年，始终是杨广的心头之患。于是，杨广派杨素的弟弟杨约逼迫杨勇自缢身亡。

在政治与皇权斗争中，讲究的是王霸与争雄之道，并非心慈手软。杨广不仅逆袭成为太子，而且最终荣登宝座，这一切似乎都在杨广的布局与推演之中——取势而清，屈伸得法。他的手段不值得我们效仿，但他的思维方式的确值得我们借鉴。

变通的智慧

我们自己必须做一个好人，至于坏人，那就让别人去当吧。但话说回来，这"好人"的标签也不是随便贴的，得是真心实意地乐于助人，心怀善意，而不是假装高尚，背地里却小动作不断。假如你不能做一个好人，那就假装做一个好人也行。装多久？装一辈子。装作一辈子好人，实际上你就是一个好人了。

第三章

顺势而为 创业进取成霸业

《吕氏春秋》中说:"君子谋时而动,顺势而为。"聪明、有远见的人,会根据时机来采取行动,他们会顺应形势和趋势去做事,而不是逆势而为。顺势而为需要我们具备敏锐的观察力和判断力,能够及时发现和把握形势的变化,从而调整自己的行动策略。放宽眼界,放大格局,学会顺势而为,才能成就大事。

成大事者定律：用行动征服人心

好的口号虽然也能激励人心，鼓舞奋进，但是真正的成大事者定律是：用行动征服人心。没有真正的行动与具体的实践，任凭你提出多么响亮的口号，也只能是形式主义，意义不大。

在梦想与现实之间，行动是那座不可或缺的桥梁。空有远大的志向和美好的愿景，若不付诸实践，终将沦为空想。成功从不偏爱言辞的巨人，而是青睐那些勇于迈出步伐、持续努力的行动者。唯有行动起来，才能把梦想变成现实。大禹身体力行，以其超强的行动力，证明了自己，成就了伟业。

《史记·五帝本纪》中记载："四岳举鲧治鸿水，尧以为不可，岳强请试之，试之而无功，故百姓不便。"其中明确说明鲧被时下民众推举而成为负责治理天下洪灾水患的领导。可当时的最高领袖尧却认为鲧治理洪水不太适合。可在岳强请求下，便允许鲧再试用一段时间。殊不知，依然治理无果，甚至由此给百姓带来了危害。

在此背景下，那时已被钦定为接班人的舜，请示后"殛鲧于羽山"；"殛"即为"诛杀"之意。这就是说鲧治理洪水不当，给天下百姓带来极大不便，为此，当时已被定为尧接班人的舜，请示后便将鲧斩杀于羽山。但按《尚书·今古文注疏》载："诛，责遣之，非杀也。"按此说法，鲧治水无果，给百姓带来不便（灾难）后，是被流放，而并非被斩杀的。不过，鲧死后葬身于羽山，是不争的事实。

顺势而为，谋事进取易成功。或许也确实正因为鲧之错，所以才成就了其子大禹的治水大成。大禹，名叫文命。禹的父亲是鲧，是黄帝的后代。虽然禹父已死，但是水患尚未除。于是，舜征求大家意见，看还有谁能治退这水患。

殊不知，大家几乎一致推举禹，他们说："禹虽是鲧之子，但他能力及德行远超其父。这个人为人谦逊，待人有礼，做事谨小慎微，工作兢兢业业。"

舜并没因禹是鲧的儿子，而轻视与怀疑禹，随之将治水大任交给了大禹。

大禹也的确为豁达贤德大才，他不仅临危受命，而且暗下决心："虽然我父亲不能治好水患而给人们带来灾难，但是我定当竭尽全力，彻底治理好水患！"

舜见禹如此认真负责，便派伯益和后稷两位贤臣，协助禹治理水患。

当时虽然大禹正当新婚燕尔，但是妻子涂山氏依然同意丈夫踏上治水之漫漫征程。

禹带领着伯益、后稷和一批助手，自然是全身心地投入到治水前的一手资料的辛苦采集工作中，其间的一番跋山涉水、风餐露宿肯定是在所难免了。因此，相关资料及传说中都说，禹他们的治水活动轨迹几乎踏遍了当时中原大地的山山水水、穷乡僻壤（为治水及管理方便，大禹将当时的中国中原及周边大地划分为九州：冀州、兖州、青州、徐州、扬州、荆州、豫州、梁州、雍州）。大禹沿途看到的几乎都是在水患中艰难生活的人们。与此同时，禹他们每到一处，都能得到当地人们的热情招待。只要一提到治水的事，相识的和不相识的人都会给大禹他们献上他们认为最珍贵的礼物。

或许是感动，或许是责任。当时的大禹睁眼是天下人民的饱受水患之苦难图，闭眼是沿途百姓们热情招待及他们对治水成功的期盼眼神……于是，大禹一行人更是信心百倍，干劲十足。

大禹左手拿着准绳，右手拿着规矩，走到哪里就量到哪里。几经讨论，思考与权衡后，吸取其父亲治水"堵截方法"失败教训，大禹创新发明了一种"疏导治水"的新方法。其要点就是疏通水道，使得泛滥成灾之水百转千回终能东流入海。与此同时，大禹每发现有水患的新地方，就到各个部落去发动群众来施工。每每此时，大禹都与人民同吃同住，挖山掘石，披星戴月地干。

大禹虽身为治水最高领导，但是他住在与众人无异的低矮茅草小屋，吃得比一般百姓还要差。但是在水利工程方面，只要需要花钱，大禹则从不含糊。不仅如此，为赶超工期，虽然他新婚燕尔离家，但是他治水三过家门而不入。

有一次他治水路过家门，听到儿子的啼哭声，他多想抬腿进门看望自己日思夜想的娇妻新儿啊。不能，如果自己方便就回家，那么其他人又会如何想呢？假如所有人到家门就回家团聚，那么治水工期又如何能保证得了呢？

经过一阵思想斗争后，大禹暗自向他家那茅草屋行了一个大礼，便眼噙泪水，飞马离去。在他们治水期间，大禹完成了当时洪荒中的华夏大地之"道九山""导九川""陂九泽""划九州""定山川""命大河"之举世功绩。

大禹用自己的实际行动征服了人心，团结了力量，完成了自己的使命，并且扬名于后世。

变通的智慧

在追求宏伟目标的征途中，华丽的言辞与宏大的愿景虽能激发一时热情，但唯有脚踏实地的行动，方能赢得别人长久的信任与追随。真正的领导者与成功者，不是空谈梦想，而是身体力行，以不懈的努力、坚定的信念和卓越的成果，证明自己的价值。他们勇于担当，面对挑战不退缩，用实际行动影响和感染周围的人，共同筑就成功的基石。在这样的过程中，人心自然凝聚在一起，团队力量汇聚成海，最终会推动事业攀上新的高峰。

打对方一巴掌前，先给他一块糖吃

"打一巴掌给个甜枣"，是先打后给；"打对方一巴掌前，先给他一块糖吃"，是先给后打。前者主要是处理善后问题，后者则是有预谋地玩弄手段。纵观古代历史改朝换代中，成功者都懂得用舍与得的变通智慧，在自己处于被动或不利情况时，先舍得付出自己的"一块糖"——恭维、财富等，当对手尝到了甜头，被迷惑得忘乎所以时，再狠狠地打上一巴掌，对手甚至被打得永无容身之地。从某种程度上讲，商纣王就是吃了这个亏，间接导致了商朝的覆灭。

商纣王荒淫无度，残忍暴虐，把殷商推向了灭亡边缘，而最终压垮殷商的关键人物就是周文王姬昌。周文王姬昌，其实就是被纣王抓起来坐牢的西伯侯姬昌。西伯侯这个称号是因为周人定居在距离殷商都城遥远的西方（即现在的关中地区）而得名的。

通过与东方大族联姻，周部落就像是一颗冉冉升起的新星，在商王朝的西边，姬昌把其领地治理得有声有色。与此形成天壤之别的是，那时的殷商在纣王统治下，百姓简直生活在水深火热之中。

那时的西伯侯姬昌，因为看到同僚惨死为之叹息（姬昌因为九侯、鄂侯被纣王残害而私下里为两人叹息），便被纣王囚禁了起来。当然，这也不完全是纣王的主意，而是因为有一个崇国的君主叫崇侯虎，他对纣王说，姬昌现在的人气越来越高，好多诸侯都向着他，这恐怕对大王不利。

原本，崇侯虎想置姬昌于死地，可纣王只想囚禁姬昌，以示其王威，也为泄其一时之愤。因为纣王根本不相信，一个小小的周部落会对他偌大的商王朝构成威胁。

"文王拘而演周易"。这次牢狱之灾倒使姬昌看清了天下时局，商朝气数将尽。后人也有人说，这是文王（公元前1046年，嫡次子周武王姬发灭商建周，追谥姬昌为文王）姬昌在狱中推演卦象，看出天道轮回，感觉冥冥中有一个声音在召唤……

周人为了营救姬昌，搜罗各种各样的奇珍异宝去讨纣王的欢心，纣王高兴，尝到了甜头后，果真就把姬昌放了，最后还把崇侯虎给出卖了。

姬昌被释放，回到岐周（今陕西省岐山县），就着手做推翻商朝的准备，从此姬昌就像"开了挂"一样连出狠招。

第一招，向纣王献上一大片土地，借此来表现恭顺和麻痹纣王，纣王又尝到了甜头，自然就被麻痹了。姬昌还请求纣王废除炮烙酷刑，此举无疑是在树立仁德，以赢得人心。

第二招，姬昌积极在关中地区四处讨伐，稳定了其根据地，为将来与殷商的决战扫除后顾之忧。

第三招，积极团结与笼络对殷商统治不满的诸侯国，形成同盟力量。

那时的众多诸侯都认为，比起只知道欺压良善、荒淫无度的纣王，姬昌才更具天子之风。随之，以姬昌为首的周国人的盟友队伍也一天天地壮大了起来。姬昌感觉到天下形势的变化，他认为周国人已经接受了天命，将要取代殷商，于是不再接受殷商诸侯的封号。在天下诸侯的拥戴下，姬昌逐渐确立了自己周王的地位，也就是后人尊称的周文王。

即便姬昌踌躇满志，自信满满，但周国人的实力还是远不如殷商的，而且姬昌壮志未酬便去世了（约公元前1056年）。随之，他的儿子姬发也就是周武王，供奉着父亲姬昌的灵位，正式吹响了武王伐纣的号角。

公元前1048年，牧野之战前两年，周武王曾观兵于孟津（今河南孟津县）。《史记》载："不期而会盟津者八百诸侯"，其实不是"不期而会"，根据甲骨文所揭，此次出兵早有预谋，关中和江汉间的许多诸侯国都积极参与，但当时的诸侯联军未必真正有八百诸侯之多。

武王姬发率领诸侯联军在商朝国都西边的牧野与纣王大军展开对决。虽然当时的周国人几乎是倾巢而出，但也只有兵车三百乘，披甲步兵四万五千人，充当敢死队的虎贲勇士三千人，而他们的对手有多少人呢？纣王集合了七十万大军严阵以待了。

但是真正的账不能这样算，因为当时的姬发所率领的诸侯联军共有战车四千乘，所以按当时的一辆战车通常配三名甲士及每辆战车后通常跟随九十七个步兵为一战略方队组合计算，当时周武王所统率的诸侯联军的总兵力也达到了四十多万人。这样算起来，周武王这一方的军队总数也应该接近五十万人了。虽然这人数比起纣王的七十万人还有差距，但纣王的军心不稳。因为在纣王残暴统治下的殷商人民，从上到下，几乎都万分痛恨商纣王。

因此，两军一交锋，商朝大军的前锋便纷纷倒戈加入了周朝诸侯联军的队伍。当然，这种里应外合式的两军对决，自然是以商纣王失败而周武王胜利而告终，这也是情理之中的事了。结果，这场大战仅仅持续了一个白天，就以纣王大军的溃败而告终。随之，这位纵欲享乐至极的商纣王帝辛逃到了鹿台，往自己身上堆满了金银珠宝，自焚身亡。

虽然商纣王以朝廷军队之优势而对阵周武王的军队，但是武王伐纣，可谓顺势而起，民心向背，牧野之战自然以摧枯拉朽之势而彻底击垮了残酷的商纣王朝。从此，殷商灭亡，周朝建立，一个崭新的时代开始了。

变通的智慧

在现实生活和工作中,"打对方一巴掌前,先给他一块儿糖吃"是有其现实意义的。例如,在面对分歧、冲突或需要批评指正他人时,可以先赞美或者夸奖对方一下,降低对方的心理防御,然后再表达出自己的主张。这有利于缓和紧张局面,从而进行和谐沟通。从实际效果来看,这种"先甜后苦"的策略,能减少冲突中的摩擦与伤害,促进双方的理解和合作。

死守规则的下场:成为被人谈笑的话柄

在社会的各个层面,规则无疑是维护秩序、保障公平的重要基石。它们如同灯塔,为人们在纷繁复杂的世界中指引方向。然而,当规则被僵化地执行,失去了应有的变通与适应性时,其效果往往适得其反,甚至成为笑柄。

顺势而为才能成大事,殊不知,在春秋战国诸侯争霸中,却有位宋襄公,偏偏不顺势而为,死守规则,为后人留下了一段"半渡不击",却随后惨遭兵败,让人啼笑皆非的故事。

周襄王九年(前643年),第一位春秋霸主齐桓公惨死后,齐国内乱,宋襄公此时顺势而为,集聚卫国、曹国、邾国等各路人马打到齐国,帮助齐国平乱,拥立齐孝公坐上国君位。随之,宋襄公想凭借其宋国公爵的身份以及帮助齐孝公平定齐国内乱的余威,去领导中原小国共同对抗楚国。此时的宋襄公做梦都想像齐桓公那样"九合诸侯,一匡天下",成就其伟业。然而从综合国力方面看,宋国想对抗楚国,显然无异于以卵击石。但宋襄公如此急切想称霸主的想法及举动，激怒了楚国。

更为戏剧的是，宋襄公在盂地召开盟会之前并没有听取公子目夷提出的多带兵车以防不测的建议。果不出所料，盟会期间，宋襄公被不讲信义的楚成王的手下活捉。

随后，楚国在攻打宋国时候就将宋襄公带上，宋国太宰子鱼带领宋国军民击退了楚国一轮又一轮的攻势。后来，在鲁僖公的调停之下，楚成王放了宋襄公回国。

为报此辱此仇，宋襄公将矛头对准楚国的准盟友——郑国。宋国大司马公孙固与公子目夷都认为宋襄公此举，无异于再次激怒楚国，因此他们力谏宋襄公不要攻打郑国。殊不知，以仁义著称的宋襄公再次显示出他那唯我独尊的高傲，执意要讨伐郑国。郑文公得知宋国将要大举进攻时，便立即派人向楚成王求救。楚成王随后出兵伐宋救郑，宋襄公不得已匆忙从郑国撤军回国。

公元前638年，宋襄公为阻击楚国军队，屯军于泓水北岸，在此地等待楚军。十一月初一，楚国军队抵达泓水南岸，准备开始渡河，此时宋军早已准备好迎敌。宋大司马公孙固鉴于宋、楚力量悬殊，认为宋国占据先机，建议宋襄公在楚军渡河到中间时发动攻击。殊不知，宋襄公反而向公孙固讲起自己是仁义之师，不会乘人之危。因此，宋襄公就眼看着楚军全部渡过泓水之后，开始整顿军队。

此时，公孙固再次力劝宋襄公即刻趁楚军还未开展阵势时一击成功。遗憾的是，宋襄公依然没有同意。等楚国军队全部整军完毕后，宋军才开始进攻，结果宋军大败。虽然宋襄公在公孙固等人的拼命掩护之下才侥幸逃回，但其大腿在此战中被击伤。

泓水之战后，楚国在中原地区的扩张已无阻力。直到后来晋国崛起，城濮之战后，楚国的扩张之势才得到遏制。而宋国从此沦为二流国家，成为大国争霸的棋子。

更令人不解甚至气愤的是，泓水战败后，宋襄公还执迷不悟，向宋国臣民宣扬他的所谓仁义之师的"半渡不击"道理。宋襄公看似有理有据地讲："所

审时度势 变通的智慧

谓仁义之师，从来都是以礼用兵，不伤害受伤的敌人，不捉拿老弱残兵；更不可能乘人之危，不能主动攻击尚未列好阵势的敌人。如此一切，我都是谨遵先贤圣人之法而做，我又有什么错呢？"

顺势而为，顺势可为。可宋襄公此举可谓顺势不为，逆势强为。周襄王十五年（前637年），在泓水之战受伤的宋襄公因伤势严重而亡。他可谓是带着愤恨甚至是遗憾而离开了那段文明与野蛮并存的时代。

经此一战，宋国遂日渐退出诸侯争霸的舞台。此外，泓水之战也标志着商周以来以"成列而鼓"为主要特色的"礼义之兵"寿终正寝，而以"奇谋诡诈"为主导的新型作战方式日益崛起。

就是这么一位宋襄公，成为后人讥讽的对象。随之，一些"迂腐""蠢笨""闹剧""悲剧"之类的词，为这位有称霸雄心却无实力的宋襄公贴上了历史性标签。

尽管对宋襄公的评价几乎一边倒，可我还是要感叹："宋襄公，真贵族也！"

在春秋时代，宋襄公虽然实力不如其他诸侯，却坚持要依赖道德和威望来维护其高贵背后的尊严与统治。因此，他坚决"半渡不击"，否则会让世人觉得他赢得侥幸，而且胜之不武。他要与楚成王堂堂正正地干一仗，把楚成王干得心服口服……可惜的是，历史并没有给他这个机会。

变通的智慧

遵守规则本身是没有错的，但也需要灵活变通。一味地死守规则，会被规则束缚，有可能成为被人耻笑的话柄。我们要知道，规则并非一成不变的，它应随着时代的变化、环境的变迁而适时调整。只有这样，我们才能适应社会，才能更好地生存和发展。

顺风扯旗：谁得势就站到谁的一边

"顺风扯旗"，可以说是一种趋炎附势、见风使舵的社会现象。它指的是某些人为了自身利益，不坚持原则或立场，而是根据当前形势或权势的消长，灵活调整自己的态度和立场，仿佛手执旗帜随风飘扬，谁得势就立即站到谁的一边。但需要指出的是，从生存的角度而言，这也是一种顺势而为：利用现有的有利条件或者趋势，来达到自己的目的或者扩大自己的影响。其实，只要坚守道德底线，顺风扯旗也算得上是一种生存智慧。

秦汉时期的儒学大家叔孙通，分别辅佐过秦二世、项梁、楚怀王、项羽、刘邦和刘盈。因此，在当时也有人指责他立场不坚定，有儒家"变色龙"之称。

秦二世（胡亥）召集几十位儒生问，你们对陈胜、吴广起义有什么看法呢？绝大多数博士儒生都大同小异地说："为臣之道不能聚众谋反，乃大逆不道，陛下应即刻派兵征剿。"随之，这些博士儒生们便建议，要停止修建劳民伤财的阿房宫，减免赋税与徭役，减轻天下百姓负担，让百姓休养生息……不等这些人把话说完，秦二世勃然大怒，即刻令人将所有人一并斩首。

然而，在其中的叔孙通却不慌不忙走到秦二世面前，先恭一揖说："我不同意他们的观点。当今天下一统，毁掉郡县城池，销熔兵器，这本是十分英明的法令啊。天下已是太平盛世，还留这些有什么用？关于陛下问陈胜、吴广造反之事，我建议陛下即刻派兵征剿。当今人人遵纪守法，恪尽职守，哪还有敢造反的！这只是一伙盗贼行窃罢了，何足挂齿啊。郡守县尉正在搜捕他们以罪论处呢，不值得担忧……"秦二世转怒为喜。

就这样，叔孙通巧妙地化解了秦二世的杀意。

不知道秦二世相信与否，但叔孙通的这番话肯定极大地满足了秦二世的虚荣心，安慰了秦二世的惶恐心理。因此，胡亥满心欢喜，直夸叔孙通说得好，随之赐给叔孙通二十匹帛、服装一套，并拜他为博士。

虽然表面如此一番表现，但是叔孙通胆战心惊地走出皇宫后，在夜晚就吩咐家人打点行装，并让管家把城门的军兵疏通好。次日黎明，叔孙通和其家人便混在出城的人群中一起逃出了咸阳城。

没多久，叔孙通便投奔了项梁，后又追随霸王项羽。直到楚汉相争，刘邦统领五路诸侯联军入主彭城之时，他二话不说便弃了项羽，投入刘邦麾下，甚至在刘邦大败之后也未叛变。

史官记载叔孙通"汉王败而西，因竟从汉"，一个"竟"字可见史官也很意外，他这样一个看起来崇尚"生存至上"的人竟然如此不畏生死，且义无反顾地追随了汉王。

"良禽择木而栖，贤臣择主而事。"在风云诡谲、群雄争霸的乱世中，能审时度势，以不变应万变才能有所作为，而在此之前叔孙通只有先保住性命才有机会寻得明主。

刘邦建立西汉王朝之后，叔孙通制定朝仪、宗庙乐，成为汉初创制礼乐第一人，为汉朝礼仪与宗庙文化，甚至是儒学文化的发展作出了巨大贡献。

司马迁在《史记》中评价他说："叔孙通希世度务，制礼进退，与时变化，卒为汉家儒宗。"他制定朝仪，为我国帝王朝仪之始，后世各朝朝仪无不受其影响。

叔孙通能有后期的成就，除了他善于把握时势之外，还因为他确实颇有才华，《史记·叔孙通传》载：叔孙通"以文学征，待诏博士"入秦朝为官，可见他的文学功底之深厚。其中又说，"叔孙通之降汉，从儒生弟子百余人"，可见他在众儒生中地位之重，若非学识深厚，怎么会有如此之多的儒生追随。

刘邦初建汉朝时，人情复杂，法度混乱，刘邦虽头疼但也无奈。于是，叔孙通提出通过制定汉家朝仪来约束下臣。随之，他制定了一系列的礼仪和宗庙制度《汉仪十二篇》《汉礼度》《律令傍章十八篇》等专著，这些都对后世影响很大。

叔孙通看似圆滑毫无原则，实则他始终认为其肩负着发扬儒学的使命，但复兴儒学又不得不依附于皇权，而刘邦出身草芥，一向看不惯儒生的酸朽做派。于是，在未得到刘邦的认可之前他对刘邦百般逢迎，即使旁人不理解，他也不忘初心，坚持为之。

刘邦不喜欢儒生的打扮，他便"变其服，服短衣，楚制"讨其欢心；刘邦急需跨马打天下的能人之时，他便广搜天下豪杰推荐给他，以此获得刘邦的信任，同时也改变了刘邦心中"为天下安用腐儒"的看法。

小不忍则乱大谋，叔孙通虽因"谄媚"而被众人诟病，但若涉及朝纲、人伦道德等这些大是大非之原则性大事时，他的态度则是异常坚定。比如"汉十二年，高祖欲以赵王如意易太子"，叔孙通便即刻上书劝谏刘邦，动之以吕后与刘邦的糟糠之情，晓之以废易太子的利弊之理，甚至以"陛下必欲废嫡而立少，臣愿先伏诛，以颈血污地"来打消刘邦废太子的想法。

此前人们都说他是因贪生怕死才频繁易主，但他为了汉朝长久大计，不惧"忠言逆耳"可能带来的危险，以死相胁，足见其气节及忠心。

变通的智慧

顺风扯旗，谁得势就站到谁的一边，是一种趋炎附势的行为，我们应该予以谴责。但趋利避害也是人之常情，在某些特殊情况下，尤其是在不逾越道德底线的情况下，是可以顺势选择有利于自己发展的一方的。例如，另外一家公司老板人品好，给的待遇又高，而且又很有诚意，那么你选择跳槽，也是在情理之中的。

接班人自己说了算，不折腾就是大作为

作为领导者或管理者，对于谁来接自己的班这个问题，向来是小心谨慎的。原因是显而易见的，接班人如果和自己的愿景、计划等不合的话，后果将是很严重的。所以，大部分人在选择接班人这个问题上，都采取了最保守的方法：想办法也要自己说了算，并且选择自己人做自己的接班人。这里的自己人，简单说就是和自己是一伙的人，自己之前的决策、主张等也都能得以延续和传承。"萧规曹随"的事例就很好地说明了这一点：萧何选择了曹参做自己的接班人。

汉元年（汉高祖元年，公元前206年），刘邦被项羽分封为汉王，到汉中建立汉王朝政权。而在那时，汉王刘邦即拜萧何为丞相，曹参就被拜为假左丞相。由此，汉初的萧规曹随初露端倪。

虽然汉高帝五年（前202年），楚汉争雄，汉王最终建立了大汉王朝。但是历经连年战争，西汉王朝的民生凋敝，国力空虚至极。《史记·平准书》中这样记述西汉初年的国力及社会情况：自天子以下备不齐一辆四匹同样颜色马拉的车子，大将丞相有的乘坐牛车，老百姓家无余粒……

对于任何王朝及其他政权初建的首要任务，应该就是大力恢复其经济与国力。否则，其政权难以持久稳固，也就是国之大计乃民生之本。当然，初建的西汉王朝也不例外。于是，"天下既定，命萧何次律令，韩信申军法，张苍定章程，叔孙通制礼仪，陆贾造《新语》。"汉初的社会经济便在这样一个宽松的环境之下，逐渐恢复和发展起来。

汉高帝十二年（前195年）四月中旬，六十二岁的刘邦久病不愈，弥留之际，吕后询问后事安排：萧相国死后，由谁来接替呢？刘邦肯定地说："曹参可。"吕后问曹参之后是谁，刘邦说："王陵可。然陵少憨，陈平可以助

之……"吕后追问以后安排,刘邦有气无力地说,以后的事你也不会知道了。事实证明,这位平民出身的汉高祖刘邦确实不仅会那句:"吾翁即若翁,必欲烹而翁,则幸分我一杯羹",而且有其超凡的战略眼光及识人用人之能。

公元前211年,汉惠帝刘盈即位,吕后垂帘听政,而此时的相国萧何身体也是每况愈下。汉惠帝即位第二年,年老的萧何病重。汉惠帝亲自去探望他,并问萧何:"君即百岁(死)之后,谁能代替君的位置?"问他将来谁来接替他合适。萧何与曹参素来关系不好,互相瞧不起(为争首功而闹得不愉快),但他知道曹参才是最合适的丞相人选。萧何回答说:"知臣莫如主。"萧何此语,足见其智慧,君弱臣强,臣则应显迂。惠帝又问:"曹参如何?"萧何顿首谢道:"陛下找到了人选,臣死就没有什么可遗憾的了。"

虽然萧何与曹参个人利益上有冲突,但是两人无疑都是英明与成功的政治辅臣,他们都不会因个人恩怨而废国事。继任者曹参也没有全面否定萧何,而是继续执行萧何制定的政策。

曹参为何是众望所归的最佳丞相人选?这还得从他的治国理念分析。

汉高帝六年(前201年),刘邦将长子刘肥(私生子)封为齐王,任命曹参为齐国相国。当齐相之后,曹参向当地的一位高士盖公请教治国方略。盖公说:"治道贵清静,而民自定。"主张治理国家贵在清静无为,任其自然,而百姓自然安定。曹参为齐相九年,齐国之地人民安定,曹参被人称为贤相。

萧何去世,曹参进京当宰相。在他担任宰相的三年时间里,一切都遵循萧何生前曾制定的各种规章制度,不予改变。这一件事,在历史上留下了很好的名声。

曹参为齐国相的无为而治和汉初的休养生息的国策方略完美契合,所以,曹参也成为相国位置的最佳继任者。

曹参继任西汉丞相后,完全遵循萧何所制定的法令制度。他从各郡各封国中挑选敦厚的长者,任命他们为相国府的属吏。但令人不解的是,这位人称贤相的曹参,一天到晚都请人喝酒聊天,好像根本就不用心治理国家似的。

汉惠帝看到曹丞相一天到晚都只是与人喝酒聊天,终于忍不住问:"您身为丞相,却整日与官员喝酒闲聊,对朝廷大事也不过问,长此以往,您怎么能治理好国家和安抚百姓呢？"

曹参想了想，微笑着问："陛下，您觉得您与先帝（刘邦）谁更圣明呢？"

汉惠帝说："我怎敢同先帝相提并论。"曹参又问："我和萧丞相谁更有才能呢？"汉惠帝淡然一笑，说："依我看，您不如萧何。"最后曹参说："陛下您不如先帝，我不如萧丞相，那我们为什么要改变他们制定的政策呢？……"

曹参作西汉丞相三年后去世。当时的百姓为感念萧何和曹参的治国之功，编了一首歌谣称颂他们："萧何定法律，明白又整齐；曹参接任后，遵守不偏离。施政贵清静，百姓心欢喜。"曹参这一作为史称"萧规曹随"。

确实啊，萧规曹随，顺势而为，不折腾方显大智慧。

变通的智慧

对于接班人这个问题，选择自己人也无可厚非，但更重要的是要看这个人的人品和能力。很多时候，接班人敢闯敢干是好事，但如果过于折腾的话，往往会把之前的好的政策、取得的成果等全折腾没了。不折腾并不是消极怠工、不思进取，而是一种理性、务实的态度。保持稳健，避免盲目地大变动，不折腾才有大作为。

避无可避之时，便是反击好时机

当我们面对困境，尤其是绝境时，只有两个选择：要么顺从，要么反抗。顺从的结局很惨，反抗的结局也许更惨，但也孕育着转机。当问题或困难避无可避时，不妨拼一把，迎难而上。只要足够勇敢，就没有过不去的"火焰山"。唯有勇于面对，敢于反击，方能书写属于自己的辉煌篇章。

洪武三十一年（1398年）闰五月初十，明太祖朱元璋去世，朱允炆作为皇太孙继位，为建文帝。建文元年（1399年）四月，削齐、湘、代三位亲王，废为庶人。

由于削藩激化矛盾，藩镇与中央开始决裂，此时实力最强的燕王就成了真正的诸王之首。而皇帝与朱棣之间的博弈亦逐渐走向明处，变得更加激烈。

洪武三十一年（1398年）十二月，为了提防燕王谋反，朱允炆派工部侍郎张昺为北平布政使，张信为北平都指挥使。随后又命都督宋忠屯兵北平，并调走北平原属燕王军队。

燕王朱棣见到几位亲王先后被削藩，或贬或死，明白如此下去必定无法逃过此劫，于是一边争取时间一边做战争准备。建文元年，朱棣先装病，使建文帝放其三个儿子回北平。之后由于属下被朝廷处死，遂借机装作精神失常。但由于王府长史葛诚叛变，密奏朝廷"燕王无病"，朱棣当即被揭穿。

张昺、谢贵得到朱允炆密诏后，于七月初四带兵包围了燕王府。朱棣假意将官属全部捆缚，请二人进府查验。二人进府后，朱棣派人将二人擒获，并连同府内叛变的葛诚、卢振一同处决。当夜，朱棣攻下北平九门，控制了北平城。

燕王军队控制北平后，七月初六，通州主动归附；七月初八，攻破蓟州，遵化、密云归附；七月十一日，攻破居庸关；七月十六日，攻破怀来，擒杀宋忠等；七月十八日，永平府（今河北卢龙县）归附。七月二十七日，用反间计使松亭关内讧，守将卜万下狱。至此，北平周围全部扫清，燕军兵力增至数万。

建文元年（1399年），建文帝祭奠祖庙后，决定起兵讨燕。由于朝中无大将可用，朱允炆只好起用年近古稀的老将长兴侯耿炳文为大将军。

朱棣亲自率军袭击其侧翼，耿炳文大败溃逃；朱能带三十余骑冲入中央军阵中。八月二十九日，燕军返回北平。顾成降燕之后，留在北平协助燕世子朱高炽守城。

耿炳文战败的消息传到南京，朱允炆开始担忧战事，考虑换将。黄子澄说曹国公李景隆是名将李文忠之子，建议他接任；齐泰反对，但惠帝不听。

朱棣听说朝廷将五十万倾国之兵交付李景隆，大喜过望，说赵括之失必然

审时度势 变通的智慧

重演，燕军必胜。果然如朱棣所料，最终李景隆败得一塌糊涂。

此后，又经过数战，朱棣的实力越发强大起来。

由于河北战事不利，方孝孺想出了反间计，利用朱高炽（长子）和朱高煦（次子）的矛盾，先写一封信给守北平的高炽，令其归顺朝廷，许以燕王之位；然后派人告诉朱棣和朱高煦（随军）世子密通朝廷，以使燕军北还。但朱高炽得到信后，根本没有拆开，将朝廷使者连人带信一起送往朱棣处。反间计失败。

建文四年（1402年）七月十三日，燕军抵达金陵（今南京）。徐增寿为内应，事败，被朱允炆亲自诛杀于左顺门。守卫金川门（位于南京城西北面）的朱橞和李景隆望见朱棣麾盖，开门迎降，即金川门之变。

经过三年多的浴血奋战，燕王朱棣最终攻入金陵，成功夺取了皇位。朱棣登基称帝，改元永乐，开始了他长达二十二年的统治。

总的来说，明成祖朱棣靖难成功可以说集合了天时、地利、人和——顺势而为，借"清君侧，靖国难"之名（为了消除来自皇室内部的威胁，朱允炆与心腹大臣齐泰、黄子澄等经过密谋，决定采取西汉晁错之策，进行削藩。朱棣指齐泰、黄子澄为奸臣，须加诛讨，并称自己的举动为"靖难"，即靖祸难之意。故而朱棣的口号是"清君侧，靖国难"），在政治与人气上占据了优势，故而造就一代明君圣主。随后，明成祖铸造了当时大明王朝的辉煌——五出漠北，三犁虏庭；迁都北京，修建北京城；编撰《永乐大典》；郑和下西洋，绘就当时外邦来朝之盛世繁荣景象……可谓硕果累累。

变通的智慧

在人生的旅途中，我们难免会遇到种种无法回避的难题与挑战，这些时刻，仿佛是命运设下的重重考验。当退让与逃避已不再是选项，正是我们展现勇气与智慧，选择反击的最佳时机。当没有任何退路时，我们只能前进。在逆境中激发潜能，找到反击的契机，立刻行动起来，才能将危机转化为转机，最终赢得胜利。

第四章

度势而谋 谋定而行挽败局

《孙子兵法》说:"审时度势,戒骄戒躁,伺机而动,后发而制胜。"面对战场多变的局势,不可盲目进攻,而应该度势而谋,谋定而后动,后动而制胜。审时度势是一种心明眼亮、运筹帷幄的智慧。处处留心,洞察、揣度情况,时机到来,果断行动,才能化不利为有利。审时度势才能正确谋划,正确谋划才能实现控局。

低手"内卷"出局，高手攻心破局

在当今社会，竞争日益激烈，各领域都面临着"内卷"现象，即同行间为了争夺有限资源而不断加大投入，却未能显著提升整体效益，反而导致个体疲惫不堪、创造力受限。低手往往陷入盲目跟风的漩涡，试图通过延长工作时间、增加任务量等简单粗暴的方式来应对竞争，结果往往是身心俱疲，最终在这场无休止的竞赛中被迫出局。而高手则不同，他们深刻理解到，真正的胜利不在于外在形式的比拼，而在于内心的智慧与策略。

其实，不只当下各行各业很"卷"，历史上各时期也很"卷"。例如，春秋战国时期，争霸战更是"内卷"得风风火火。怎样才能在"内卷"中胜出？管仲在这方面是高手。

春秋时期，齐国称霸，楚国不服，齐桓公很不爽，随之一群文武大臣们决议要出兵讨伐楚国。殊不知，宰相管仲别出心裁地说，不用如此兴师动众！随之，管仲"以鹿胜楚"之度势而谋，闪亮登场。

楚国盛产鹿，管仲就派人去收购，并且收购的规模越来越大，收购价钱越涨越高。不仅如此，在管仲的动员下，许多已臣服于齐国的小国也加入楚国抢购鹿的队伍中。

虽然楚成王说不出这种反常现象究竟意味着什么，但是他隐约感觉其中必暗藏杀机。于是派人去问，听说是齐桓公喜欢鹿，还打算建个鹿场，齐国人都跟风要买。

原来如此啊，既然喜欢，那么你们就抢购吧。楚成王暗自庆幸，窃喜。楚国人眼看生意上门，收益极高，哪里还有人肯面朝黄土背朝天地辛苦种地？于是楚国上下开始"全民皆猎"，漫山遍野地去捕捉活鹿。因此地也荒了，武器也都生锈了。此时，管仲让隰朋悄悄地在齐、楚两国的民间收购并囤积粮食，又建议齐桓公下令封闭与楚国的边境。结果楚国的米价疯涨，楚王派人四处买米，都被齐国拦了下来。楚国粮食奇缺，元气大伤，战斗力大打折扣。

管仲在买鹿的同时，又从其他国家购入粮食，囤积起来。对于那些小国来说，齐国老大的话自然是要听的。卖粮不仅能赚钱，还会拿到一些额外补贴，何乐而不为。

不久之后，齐国就囤积了大量粮食。而此时的楚国人都已"弃农抓鹿"，想着反正也不缺钱，买粮食吃总比种粮食吃要轻松划算。

眼看差不多了，管仲终于叫停这场"买鹿狂欢"。不买鹿了，但楚国也到了拿再多的钱也买不到粮的地步。至此，楚国人才恍然大悟，沉甸甸的钱，却买不到能够使人活命的粮食。

跟齐国买，齐国不卖。跟其他小国买，人家要么听齐国的，不敢卖，要么粮食早就已被齐国买走了。

钱再多，不能吃。这时再去种地也肯定是来不及啊。再说了，那时的社会生产力低下，粮食不是说种就能种出来的。

不久，楚国断粮，民心不稳，国事动荡。人是铁，饭是钢，一顿不吃饿得慌。面对没饭吃的楚国百姓，楚成王不得不低下了他那高傲的头颅。

在《管子》的记载中，像"以鹿制楚"这样的商战还有很多。买鹿搞楚国，买狐皮搞代国，买绨料搞鲁国与梁国，买器械搞衡山国……基本是如出一辙，完完全全的阳谋之计。

相比起两军对垒真刀实枪地干一场，这种没有硝烟的商战就像是用一把钝刀子杀人。

管仲拜相四十一年后，齐国成为春秋时代第一位霸主。

管仲提出了"以商治国"理念。在任职期间，他对内大兴改革、富国强兵，辅助齐桓公"九合诸侯""一匡天下""尊王攘夷"，功绩卓绝。

管仲如此先买后囤，再择机高价卖给楚国，还用同样的招数对付不同的对手而达到"不战而屈人之兵"的目的，确实是管仲超凡的"上兵伐谋"。

审时度势 变通的智慧

管仲看时机成熟，组织联军，找个理由，讨伐楚国。楚成王一看没办法了，三年后向齐国屈服。这样，管仲不动一兵一卒，就拿下了楚国，这就是"不战而屈人之兵"。

管仲不仅在楚国高价买鹿，还利用商战去削弱其他国家的势力。

齐国强盛，但齐国与莒、莱两国不断产生摩擦，齐桓公就去问管仲，像莒、莱这样的国家该怎么对付呢？

管仲说："他们有紫草，我们齐国却盛产铜，您派人去采矿炼铜，铸成货币，再高价购买两国紫草。"两国国君听说齐国高价收购紫草，大喜过望，在他们看来，紫草有的是，能换回来货币，这也太划算了。

于是，两国的老百姓们地也不种了，纷纷去倒腾紫草了。第二年，管仲突然命令采矿冶铜的人去种地，同时不再收紫草了。如此一来，莒、莱两国粮价飙升，老百姓们一看，都搬到齐国生活了。

就这样，莒国和莱国的国力大减，对齐国也构不成威胁了。这样的商战还发生在齐和鲁、梁之间。管仲如此巧妙地利用列国间贸易中的供求关系，而打赢"不战而屈人之兵"的商贸大战，确实经典，甚至可以说是叹为观止，令人敬佩。管仲的商战其实就是破局的谋略，他能把其他各国玩弄于股掌之间，就是他善于攻心破局。

变通的智慧

在"内卷"面前，如果不能选择躺平，那就得"卷"一下。低手"内卷"出局，高手攻心破局。那些高手们都擅长攻心，即洞悉人性，他们能把握事态趋势，以创新思维和精准策略打破常规，开辟新的竞争格局。我们要注重提升自我价值，通过不断学习，优化知识结构，增强核心竞争力，从而在根本上超越内卷的局限。同时，还要善于洞察人心，理解对方的需求与情感诉求，以更加人性化、个性化的手段，从而实现破局。

君子爱才，取之有道

　　只要是人才，无论走到哪里，都会有人（尤其是领导或管理者）惦记着，想方设法结交并为己所用。但很多人才都是有脾气的，如果不投脾气，他们很难被打动，更别说为你效力了。其实，人才也都想遇到懂自己的人，都想遇到能让自己发挥才智和本领的人。如果你是一位寻才者，那么就需要你拿出足够的诚意与切实的行动来打动人才，从而让人才为你所用。

　　春秋时期，百里奚原是虞国的一名大夫，他学识渊博，精通治国之道，却因虞国国君的昏庸无能而未能施展抱负。公元前655年，晋国借道虞国攻打虢国，虞国君臣轻信晋国使者的花言巧语，不仅答应借道，还接受了晋国的贿赂。百里奚劝阻无果，虞国最终被晋国所灭，他也因此沦为了晋国的俘虏。

　　晋献公将女儿嫁给秦穆公时，百里奚作为陪嫁的奴仆之一，被送往秦国。然而，在前往秦国的途中，百里奚趁乱逃脱，流落到楚国为奴。

　　秦穆公在即位之初，便立志要使秦国强大起来。他广纳贤才，得知百里奚的才能后，决心将其招至麾下。但考虑到楚国不会轻易放人，秦穆公采纳了谋士公孙枝的建议，决定用五张羊皮作为交换条件，向楚国请求赎回百里奚。楚国国君见秦国以五张羊皮来换一位奴隶，觉得十分划算，便欣然同意。

　　百里奚被赎回秦国后，秦穆公亲自为他解去囚车的绳索，并以国士之礼相待，向他请教治国之道。百里奚不负所望，提出了许多富有远见的建议，如发展农业、加强军事、外交联盟等，这些策略极大地促进了秦国的经济发展和社会稳定，为秦国的崛起奠定了坚实的基础。秦穆公对百里奚的才能深感钦佩，任命他为上卿（相当于宰相），并尊称为"五羖大夫"。

　　百里奚还向秦穆公推荐了蹇叔，这也是他对秦国作的一大贡献。

百里奚对秦穆公说："大王，我有个朋友叫蹇叔，他能力远超过我，请大王拜他为上卿。我两次听了蹇叔的劝告，得以脱险，一次没听就遇到灾难，所以我知道蹇叔有才能。"秦穆公听了后，很高兴，命人带上厚礼去请蹇叔。

蹇叔有识势之智。蹇叔在百里奚入朝为官方面向他提了不少建议和忠告。当时齐国的公子无知杀了襄公，自立为君，悬榜招贤纳士。于是百里奚想去投奔齐君无知，这时被蹇叔劝阻了。蹇叔说："襄公之子出亡在外，无知名位不正，终必无成。"于是百里奚打消了应召的念头。后来齐君无知被雍廪等人杀害。百里奚由于听从了蹇叔的劝告而免去了这次灾难。

入朝为官，有的人是为了成名获利，有的人是为了光宗耀祖，有的人是为了建功立业，可是为了朋友而入仕的，蹇叔当数第一人。

为稳妥起见，穆公派遣公子縶装作商人，带着重礼到宋国聘请蹇叔。百里奚另写了一封书信一并带去。公子縶在农人的指点下，来到了蹇叔的住处。公子縶吩咐左右仆人从车厢中取出礼币等，放在草堂里。

蹇叔看完信说："当时虞君招致败亡，就是因为不信任百里奚，听不进他的忠告。现在，一个百里奚也足够辅佑秦公成就霸业了。我已隐居多年，不想再出去做事了，所赐予的礼币，还请悉数收回，请代我向秦公推辞致谢吧。"

公子縶一听就慌了，急忙说道："百里奚大夫说过，如果您不去秦国，他也不愿一个人在那儿了。他也要像您那样去隐居了。"蹇叔听了此话，沉吟了半响，最后无可奈何地感叹道："百里奚一直想成就一番大业，然而始终是怀才不遇。当今幸运地遇到了明主，我不能不成其之志。为了成全百里奚，这一趟秦国我只好去了……"

蹇叔到了秦国，秦穆公问："我想称霸诸侯，该如何做？"蹇叔答道："称霸诸侯，信义为先。必须三戒：力戒贪图小利、气愤蛮干、急于求成。还得明辨形势，分别缓急。""毋贪，毋忿，毋急。贪则多失，忿则多难，急则多蹶。"他还进一步解释说："人们吃亏往往是因为贪图小利；失去理智往往是因为愤怒而冲动；做事失误或失败，往往是因为急于求成，而没有细加筹划。只有打下牢固的基础，才能去创立霸业。"

秦穆公对蹇叔的雄才大略佩服不已，他十分感动且认真地说："蹇叔和百里奚真是我创立霸业的左膀右臂啊！"

秦穆公拜蹇叔为右庶长、百里奚为左庶长，也就是"二相"，两人同掌朝政。自二相兼政以后，蹇叔和百里奚辅助秦穆公教化民众，实施变革，兴利除害，使秦国一天天地强大起来了，秦穆公最终也成就了霸业。

变通的智慧

"君子爱财，取之有道"，同样，君子爱才，也要取之有道。这里的才是指人才。"千军易得，一将难求"，说的就是人才的重要性。作为领导者和管理者，最需要的就是人才。人才不但是上司的左膀右臂，更会为企业带来高效发展。在对待人才方面，一定要给予其发挥的空间，这样他才能充分实现其价值。

没有永远的朋友，只有永远的利益

我们常常听到一句话："没有永远的朋友，只有永远的利益。"这句话听起来可能有点让人心寒，但其实它说的是一个很现实也很直接的道理。

想象一下，你和朋友们在一起，很多时候是因为你们有共同的爱好、兴趣或者目标。这些就像是把你们绑在一起的绳子，让你们感觉彼此亲近。但是，当这些共同点发生变化，或者出现了新的利益冲突时，你们之间的关系可能就会受到影响。

比如说，你和好朋友合伙开了一家小店，一开始大家齐心协力，生意做得风生水起。但随着时间的推移，你们可能在经营策略、利润分配上产生了分歧。如果双方都不能妥协，那么原本的好朋友可能会因为利益问题而疏远，甚至反目成仇。

这并不是说朋友之间的情谊不重要，而是说在现实的生活中，利益是一个无法回避的问题。我们需要理性地看待它，学会在维护自己利益的同时，尊重和理解他人的立场和需求，尤其是维护对方的利益。

人与人之间是如此，国与国之间也一样。

在历史长河中，虽然也有八拜之交的朋友真情，但是在现实尤其是君臣关系及两国联盟中，利益确实永远大于友情。即便在纵横家的纵横捭阖外交方略中，他们也都承认其方略只是一种方法与手段，而其真正的目的在于，如何通过纵横联合达到己方的利益最大化。这才是君臣关系及联盟外交的真谛——没有永远的朋友，只有永远的利益。

提到烛之武，相信大家都不会陌生，特别是读过《左传》的人，都会对左丘明笔下的这位老人赞叹不已。在《烛之武退秦师》中，描写了一位老者如何凭借其非凡智慧，挽救了郑国危亡的故事。

春秋时期，公元前630年，晋国和楚国大战于城濮，结果楚国大败，晋国的霸业完成。在城濮之战中，郑国曾协助楚国一起攻打晋国，而且晋文公年轻时流亡到郑国，曾受到冷遇，所以晋文公把新仇旧怨加到一块，于两年后联合秦国讨伐郑国。

以当时郑国的实力，根本无法抵抗秦国或晋国一国的军队，更何况现在秦晋联军压境呢！郑国危在旦夕，郑国大夫佚之狐向郑文公建议：若让烛之武去游说秦穆公，定能退秦军。

烛之武临危受命，拜见秦穆公后，便开始了他智退秦军的游说。

烛之武向秦穆公阐明利害关系：此次秦晋联军攻打郑国，其利在晋而不在秦。烛之武挑拨了秦晋关系，秦穆公曾经出大力先后帮助晋惠公、晋怀公上台，晋国发生饥荒，秦向晋支援了大量的粮食，可是秦国闹饥荒，他们却颗粒不给。晋国曾答应割地相谢，可是他们立即筑城，以抵御秦国的接收。晋国的国君贪得无厌，若郑国灭亡，成了晋国的领土，继而就会肆意地向西扩张，使秦国利益受损。

第四章 度势而谋：谋定而行挽败局

任何时候有求于人，光有漂亮的语言表达，显然还是不够的，肯定还需要有真格的表示。礼尚往来，人情世故，古今皆一理。烛之武虽然有理有据地分析了秦晋联盟，根本对秦国没有好处，进而调拨两国的联盟关系，但是假如当时的烛之武没有真正的表示——不真正答应给秦国更大的利益诱惑，显然也未必能成功。而这就是"弱国无公平外交"的亘古真理。弱国要想与强国在谈判桌取得所谓的公平协约，弱国必须有打动强国的利益点才行。否则，任凭烛之武再能言，也很难达到智退秦师的外交目的。

烛之武一番利害分析后，便亮出了假如秦国退兵，不与晋国联盟，那么他代表郑国给秦国的好处：让秦国派军队驻扎在郑国，郑国愿意成为秦国向东扩张的"中转站"，向秦军提供粮草辎重。

秦穆公参与攻打郑国，意在郑国建立一个据点，既然目的可以轻松实现，又何必再让将士们冒生命危险呢？于是，秦穆公欣然接受了郑国的条件，让杞子、逢孙、杨孙三位将领，各自率领一支秦军驻扎在郑国，自己就率军回国了。

秦军撤退后，就剩下晋国一国的军队了。晋国的狐偃请求以晋军单独攻击郑国，晋文公制止了，说："不可。故意破败一个国家，这是不仁；失去盟国而单干，这是不智；以乱之势代替联盟出兵，这是不武。有这样三个不利因素，我们还是回去吧！"于是，晋国也撤兵归国。

烛之武成功游说秦国，继而不打自退晋军，这确实达到了"不战而屈人之兵"的战争最高境界。

谋思而后定，挽危难于口舌之间，是郑国大夫佚之狐的度势思谋之智，是郑文公的谋而后定之明，更是烛之武度势而谋、思而后定之勇。否则，烛之武在两国关系最紧张的时刻去游说秦穆公，没有一定的底气和勇气，显然是不敢的。因为说不定，哪句话说不顺心，秦穆公就会将其杀掉，但郑国危难之时，烛之武必须去试试。幸运的是，他成功了。他的成功离不开他的口才，他分析利弊，并给了秦国想要的利益，形成了一种同盟关系。他的成功更离不开他对人性的洞察：没有永远的朋友，只有永远的利益。

变通的智慧

朋友也好，盟友也罢，人与人之间的交往往往受到利益驱动，而非单纯的情感维系。虽然真挚的友谊难能可贵，但面对利益冲突时，关系可能变得脆弱。因此，在人际交往中，保持理性与独立，理解并尊重彼此的利益需求，是建立长久和谐关系的关键。说得再直白一点，就是在与人交往中，尤其是和朋友交往中，要懂得取舍之道。只有你的舍，让对方得到，保证了对方的利益，你们的关系才能长久地发展下去。

先躲开危险处境，然后杀个回马枪

在人生的旅途中，我们难免会遭遇各种挑战与困境，有时直接硬碰硬并非上策，而是需要审时度势，采取迂回战术。在面对明显的威胁或不利局面时，首要任务是保护自己，避免直接冲突可能带来的伤害。这要求我们有敏锐的洞察力，能够迅速识别危险信号，并果断采取避险措施，确保自身安全。最好的办法是：摆脱或者逃离危险处境。

当我们足够安全了，等待时机已经成熟时，再返回来，迅速出手，杀它个回马枪，局势就为我们所掌控了。

春秋时期，晋国晋文公死后，其子晋襄公于公元前628年继位。在崤水之战和彭衙之战中打败秦国，像其父亲晋文公一样再次成为中原的一大霸主，将晋国再次推向高峰。遗憾的是，晋襄公在位七年后驾崩，上卿赵盾扶晋襄公年仅七岁的幼子夷皋继位，是为晋灵公。

晋灵公二十岁时，专宠一个善于阿谀奉承的大夫屠岸贾。为了寻欢作乐，晋灵公与屠岸贾发动全国上下搜集天下奇花异草。为此，晋灵公下旨在城内修建了一处花园，因为桃花居多，故赐名桃园。一天，晋灵公和屠岸贾在桃园的高台上玩弹弓打人的游戏，台下的百姓被弹弓打得苦不堪言。晋灵公玩得尽兴，大臣赵盾恰好看到晋灵公如此胡作非为，气得把弹弓折断，并劝诫道：江山社稷当以百姓为天，您怎么能随便拿百姓当儿戏呢？这样下去，先君的霸业迟早要毁在你手上。

晋灵公闷闷不乐地回到宫中，和屠岸贾喝起闷酒来，屠岸贾趁机挑拨道："您还是怕那个赵盾，只有臣听君的，现在倒过来了，我真是为国君您鸣不平啊。""不怕，那又能怎样呢，寡人毕竟是他扶上位的，现在的国家军政大权都掌握在他手中。一个赵盾就够我受了，你就少说几句吧！"晋灵公既气愤又显无奈地怒斥屠岸贾。这时厨师将熊掌端上来，晋灵公尝了一口，"呸"地吐出，呵斥为什么熊掌不熟。厨子双手颤抖，额头渗汗，支吾着回答："熊掌本来就难熟，国君您要得又……又急……急，您别生气，我……马上拿回再煮一会儿……""什么，这么说，难道还是寡人错了？"晋灵公火冒三丈，还没等那位厨师把话说完，就下令将其现场砍杀。似乎还不解气，晋灵公又令人将其尸体砍成几段，抬出宫去。善于察言观色的屠岸贾还连声称赞，"国君真是赏罚分明呀……"

随后，晋灵公在屠岸贾的挑唆下，又派刺客去暗杀赵盾。殊不知，那位刺客见到忠心为国的上卿赵盾，不仅没有刺杀，反自己撞树而死……

既然刺杀不成，屠岸贾便又生毒计。有一天，他牵着一条威武高大的黑白相间的狼狗，嘴一撇，从鼻里哼道："赵盾的死期到了，国君您看。"晋灵公说："这条狗又有何用，他家有的是护卫？""不，不，国君您有所不知，我这条狼狗可不一般。我每天都把一颗羊心放入穿上赵盾衣服的稻草人身上，然后我令专人训练这条狼狗攻击稻草人，直至咬出羊心……"听到这话，晋灵公露出一丝诡秘的微笑。

几次被暗杀，自然引起了赵盾的警觉，在别人劝说下，赵盾一行人离开了晋国。是的，面对危险，暂时躲避才是最好的方法。

赵盾离开后，晋灵公更是肆无忌惮，横征暴敛，强抢妇女，百姓敢怒而不敢言。这时有一个赵家族人——赵穿上场了。

晋灵公十四年（前607年）九月二十六日，赵盾的兄弟赵穿在桃园，利用晋灵公和群臣摔跤的机会，当场将昏庸无道的晋灵公摔死！晋灵公挥霍无度，上下都十分痛恨他，对其惨死，晋国人民是拍手称快。晋灵公一死，赵穿迅速迎回赵盾。随之，赵穿与赵盾兄弟联手，从洛京（今河南洛阳市）迎回晋襄公的弟弟、晋灵公的叔叔公子黑臀继位，为晋成公。

晋灵公残暴荒淫，赵盾度势而走；谋思后定，赵穿借桃园摔跤大会之机，摔死了那个祸国殃民的晋灵公。随后，兄弟二人联手杀了个回马枪，挽回了大势。这一切的发生，都看似那样的水到渠成，畅快淋漓，赵盾无疑是赢家。

有一次，赵盾问史官，是谁弑杀了晋灵公。太史董狐义正词严地高声回答："赵盾弑其君"。赵盾头脑瞬间凝固，好半天没反应过来。在一阵的喧哗与沉静之后，赵盾脸色苍白说，可当时我并不在场啊。董狐依然异常镇定地反问："没有你的指使，凭他赵穿有这个胆量弑杀晋灵公吗？而赵穿弑杀国君又不对他有任何处置，您却让他接回公子黑臀继位，这不是您的指使又能是谁呢？"赵盾被问得哑口无言，只好对太史董狐说："那你就按你的想法记录历史吧。"晋成公六年（前601年），赵盾郁郁而终。晋成公七年（前600年）九月，晋成公与楚庄王争夺霸权，最终打败了楚军。

变通的智慧

"君子不立危墙之下"是一句古训，寓意深远。它告诫我们，有品德修养、有远见卓识的人，会主动避开潜在的危险与风险。这里的"危墙"象征着一切可能带来危害的情境或环境，包括物理上的危险、道德上的陷阱或是不利的社交场合。预防胜于事后处理，与其在危险发生后再去补救，不如提前预判并远离。然后就积蓄力量，静等时机，反击获胜。

忍辱负重，卧薪尝胆：只为静待一个翻盘的机会

在面对困难和挫折时，不要轻易放弃，而是要有坚韧不拔的意志和决心，勇往直前。只有这样，才能在逆境中寻找到转机，实现自己的目标。尤其是在某些特定情况下，要忍辱负重，做到这一点很难，但只要做到了，翻盘的机会很快就会到了。

公元前515年，阖闾派专诸刺杀王僚而自立吴王。阖闾为吴王，拜楚国旧臣伍子胥为相，孙武为元帅，确定"先破强楚，再图越国"的争霸方略。公元前506年，吴军在孙武、伍子胥率领下，从淮水流域西攻到汉水，五战五胜，攻克楚国都城郢都，迫使楚昭王出逃。公元前496年，吴王阖闾在与越国的槜李之战中，被越大夫灵姑浮挥剑斩趾，随后病伤而死。弥留中，吴王阖闾嘱咐儿子夫差，要铭记越国的血海深仇。殊不知，越王勾践又率兵来犯，吴王夫差亲率十万精兵大败越军。随之，夫差率吴军把勾践围困于会稽山中。

里无粮草，外无援兵。无奈中，范蠡和文种谋划，越王勾践向吴国投降。投降本身就不是平等谈判，勾践怕夫差不答应。于是勾践又派文种带着珠宝玉器和美女去见伯嚭。伯嚭接受了贿赂，连夜单独到吴王夫差面前，替勾践说好话。夫差听了伯嚭的话，就同意勾践的请求了。这时，伍子胥出来劝阻道："大王若不趁热灭掉越国，唯恐悔之晚矣。"

当时，勾践面临两大抉择：一是选择屈辱地投降，暂时屈从于敌手；二是选择勇敢反抗，虽败犹荣，彰显精神与尊严。然而，即便选择硬拼，越国也未必能够扭转局势，重获生机……最后，勾践与范蠡以败国之君臣来拜见吴王夫差。夫差盛气凌人地问范蠡："吾闻贞女不事破家，贤士不立亡国。今范大夫既辱其君，何若更辱其身，来为寡人服务？"

类似的话甚至是更不堪的凌辱与虐待，夫差对勾践有过之无不及。为奴期间，勾践经常趴在地上，给吴王夫差当上马石。更严重的时候，夫差还让他为其身舔粪吞便，说是能给夫差治病。面对如此近乎非人的凌辱与虐待，勾践都表现得十分忠诚，且十分自觉自愿，没有丝毫怨言。

越王勾践在吴国受尽种种屈辱，终于得到夫差的同情和怜悯，于公元前494年放勾践等人回国。勾践表示，愿意对夫差称臣，感激夫差的不杀之恩。

勾践回到越国后，下定决心要努力让自己变得强大，好去报仇。他怕自己过上好日子就忘了报仇这件事，所以晚上就枕着兵器睡觉，睡在稻草堆上，还在屋里挂了个苦胆，每天早上醒来就尝一口，提醒自己别忘了受过的苦。勾践让文种帮他管理国家，让范蠡帮他训练军队，他自己也到田里去和农民一起干活，妻子则在家纺纱织布。勾践的这些行为感动了越国的每一个人，大家齐心协力，经过十年的努力，越国变得兵强马壮，粮食充足，从弱国变成了强国。

而吴王夫差呢，他一心只想着要成为霸主，根本不管老百姓的死活。他还听信了坏人的谗言，把忠心的伍子胥给杀了。虽然夫差最后真的成了霸主，但吴国的实力已经大不如前了。

公元前482年，夫差带着大军去跟晋国争地盘，想成为诸侯的老大。勾践趁这个机会，突然攻打吴国，一下子就把吴军打败了，还杀了吴国的太子。夫差听到消息后，吓得赶紧带兵回国，还向勾践求饶。勾践觉得一下子灭不了吴国，就暂时放过了他们。

到了公元前473年，勾践又亲自带着军队去攻打吴国。这时候的吴国已经没什么力气抵抗了，被越军打得落花流水。夫差再次向勾践求和，但范蠡坚决要灭了吴国。夫差看到求和无望，才后悔当初没听伍子胥的话，感到十分羞愧，最后自杀了。

"苦心人，天不负。卧薪尝胆，三千越甲可吞吴"，这无疑是后人对越王的同情及肯定，对他忍辱负重的肯定。这个历史故事，也已成为忍辱负重的经典案例。

变通的智慧

很多时候，忍辱负重，只为活着，只要活着就有机会，也就是"留得青山在，不怕没柴烧"。卧薪尝胆，是为了不忘记自己的屈辱，让自己保持斗志，是一种自我激励。只要活着，并且充满斗志，就会有翻盘的机会。当机会来了，才会一雪前耻。起初是弱者，最后是强者，这不仅是一种传奇，更是一种荣耀。

要主动争取，而不是被动接受

想象一下，如果你总是站在原地，等着好事从天而降，就像是等待风送来的果实，那可能会很漫长，甚至是空手而归。但如果你主动出击，就像是自己爬上树去摘果子，那结果就完全不一样了。这就是主动争取和被动接受的两种结局。当你看到机会时，不管是学习上的进步、工作上的晋升，还是人际关系的改善，都应该毫不犹豫地伸出双手去抓住它。

在战国时期诸侯争霸中，赵国平原君有一名默默无闻的门客叫毛遂，他通过自荐，不仅主动争取到随主出使的资格，还在双方谈判陷入僵局时，运用其直陈利弊的勇气与智慧，脱颖而出。

公元前260年，秦国大将白起于长平之战中，大胜赵军，于公元前257年包围了赵国都城邯郸。

赵王急忙派平原君去楚国求援。平原君挑选二十名文武双全的门客同往，但尚缺一人。殊不知，一个原本默默无闻、自称毛遂的门客，自告奋勇愿与平原君同行。平原君一看此人，并无印象，就问："毛先生来赵国几年了？"毛遂答："三年。"平原君冷冷地说："如果先生果真为大才，那么怎能三年还

审时度势　变通的智慧

不被人发觉呢？看来还是先生才华不够啊！"毛遂严肃认真地说："我本是囊中之锥，虽未曾露锋芒，但今有机会才及时出头，即可脱颖而出。"平原君听后便率领毛遂等二十门客前往楚国。

他们到了楚国，任凭平原君反复对楚王说楚、赵联合抗秦的好处和楚、赵不联合抗秦的弊端，楚王就是不同意出兵救赵。一时谈判陷入僵局中，除了毛遂外，其他门客及平原君，都面面相觑。

毛遂趁势急步跨上台阶，正颜厉色地说："合纵与否，道理明摆着，还用得着如此纠结吗？合纵抗秦，我们虽然主动与贵国来谈，但是我们赵国考虑的并不是我们赵国安危，而是考虑到贵国的安危与利益才来的。既然贵国毫无诚意，那么我们即刻离开就是了，何必如此白费口舌呢？"楚王听了这样盛气凌人的话，十分不高兴问平原君："他是何人，胆敢如此妄为？"平原君说：

"此人是我门客毛遂。"

一听只是门客，楚王怒斥道："我在与你的主人谈判，你有什么资格这样与我说话。"说着，楚王向外轰毛遂。毛遂面对楚王如此轻视自己，首先据理力争，一句"合纵抗秦是天下事，天下大事人人都有说话的份，怎么能算我多嘴？"毛遂此话一出，在气势上就占了上风。

毛遂顺势紧握利剑凑近楚王厉声道："大王呵斥我，是觉得楚国兵强马壮吗？但现在我与大王只有十步，我手起剑落，即刻就可结果大王之命。从前商汤方圆不足百里，后来竟然天下为王；文王伐纣，兵也不多地也不广，但诸侯联军近五十万都听其调遣。大王您知道吗？他们都不是依仗军队与疆域辽阔，而是凭其天下人心、威望和能审时度势，看准了天下大势与机遇。现在楚国方圆五千里，雄兵百万，本可成为霸主，但是白起只率几万人马就把楚国打败了，还烧毁了楚王祖坟，这不应该是楚国百年家仇国恨吗？楚秦之血海深仇，连我们赵国人都感到可恨，难道大王，您竟然丝毫不觉羞愧与耻辱？因此说，联合抗秦，既是为了赵国，更是为了楚国……"

毛遂的话就像锥子一样扎在楚王心上，楚王只能羞愧称是，毛遂随即趁热打铁。一番准备操作，促使楚王和平原君当场歃血为盟，与赵国签订了联纵抗秦盟约。

遗憾的是，楚王的优柔寡断，注定了楚国担不起合纵抗秦的担子，虽然楚国派春申君黄歇出兵八万前去救赵。但后来打垮秦军的却是"窃符救赵"的魏国信陵君。魏、赵两国内外夹击，致使二十多万秦军伤亡近半数。

平原君签订楚赵合纵盟约归国后，大加赞赏说："毛先生仅用三寸之舌，成功说服楚王，真强似百万军队啊。"随之，平原君提拔毛遂为上客。

大败秦军的消息传回楚国，楚王感慨：合纵抗秦确实不错。只可惜我们楚国没有信陵君那样的大将，也没有毛遂那样的谋士！

关于毛遂之死，民间有两种说法。

一说，毛遂因为自荐名满天下，受到赵王重用，后来燕国想趁机攻打赵国，赵国尚未恢复元气，赵王慌乱，无人才可用，于是想起毛遂，让他领兵出征。可是毛遂虽能言善辩，但对率军打仗一窍不通，于是劝解赵王另派他人。可是赵王病急乱投医，坚持派他领兵出征。毛遂打了败仗后，觉得愧对国家，自尽而亡。

还有另一种说法，是毛遂寿终正寝。似乎人们更倾向于相信这种说法。因为在中国传统文化及观念中，好人有好报，英雄应该有个圆满结局。

变通的智慧

在困局中要想破局，唯有自己主动去争取，而不是被动去接受。主动争取是掌控者，被动接受是受控者，二者的结局不言而喻。尤其在工作中，如果你是人才或者你有能力，那么就要勇于表现出来，也就是主动争取，千万别等，想着"是金子总会发光的"，有的人等了一辈子也没发光。当然，勇于自我表现的前提，是要有真才实学，要心里有数；那种只会夸夸其谈、清高自负的人，只会成为别人的笑谈。

第五章

借势而进 巧借外力唱赞歌

有句话总结得很到位:"借力者明,借智者宏,借势者成。"荀子《劝学》中也说:"君子生非异也,善假于物也。"无论是做人做事,还是各种竞争,懂得且善于借势之人,会大大增加其成功的指数。借势者需有眼光识势,更需有巧借之力。借力而为,借智成事,借势而行,借一切可借用的资源,才会壮大自己,从而成就大事。

巧借他人资源，为自己织可用之网

一个人的时间和精力是有限的，很多时候想办成一件事，就需要借助外部力量，包括借用他人的资源。每个人都有自己的专长、人脉和信息资源，这些都是我们可以借用的资源。比如，你正在筹备一个项目，但缺乏某些专业技能或资金，那么你可以寻找合作伙伴，借助他们的专业能力和资金支持，共同推进项目。这是一种借势，是借助外部力量达到自己的目的。诸葛亮是借势的高手，草船借箭就是其借势的杰作。

208年，曹操率领八十万大军南下，意欲一举平定江南。诸葛亮在鲁肃提议下，奉刘备之命出使东吴，舌战群儒，说服孙权，继而达成孙刘联盟。而诸葛亮作为刘备一方的代表，暂住东吴，实施联合抗曹大计。随后，上演了孙刘联军共抗曹操的赤壁大战。

鲁肃一生力主他的孙刘联盟政治方略，孙权也不太情愿地允许支持联盟方略，而当时的东吴大都督周瑜，从内心是抵抗诸葛亮的。按《三国演义》的逻辑，周瑜表面尊重诸葛亮，内心却嫉妒诸葛亮之能。按周瑜的逻辑，他对诸葛亮的排挤甚至是暗害，都是在为东吴的发展与国家大计不得不采取的手段。因为刘备加之诸葛亮协助，其政治势力会日益强大，肯定会成为东吴发展的障碍。

即便按此逻辑分析，其实从各为其主方面讲，周瑜此举和想法也无可厚非。只不过，他作为东吴大都督如此陷害诸葛亮，确实显得操之过急了。

在此背景下，周瑜才限令诸葛亮十天打造十万雕翎箭。

面对这看似根本不可能实现的军令，鲁肃一再暗示诸葛亮千万不能接令。面对鲁肃的友善提醒，诸葛亮自然是心领神会，但诸葛亮十分从容淡定地接令在手，退出了周瑜的帅帐。

更令鲁肃不解的是，诸葛亮不仅接了周瑜十天打造十万雕翎箭军令，而且他还主动说不用十天，只用三天即可……

鲁肃实在坐不住了，他很担心诸葛亮，便亲自到诸葛亮的办公小船，打探虚实。

诸葛亮表情严肃且紧张地说："子敬先生（鲁肃），这件事您如何也得帮我啊。十天造出十万雕翎箭，又故意不给我支付足够的材料与工人，您说我怎能完成这根本不可能完成的任务呢？""孔明先生，话可不能这样说。您为什么都督给您十天时间，却主动缩短为三天呢？您自己如此决定，军令如山，不是儿戏。您说我怎么帮您这个忙啊？唉，孔明先生，您真是啊……""唉，子敬先生，我知道您是大好人。周都督如此也是为了孙刘联合抗曹大计，因此我也不敢不接军令啊。既然如此，那我只请您能借给我二十艘船，每艘船上三十名军士，所有船都要用青布幔子围起来；还要一千多个草人把子，依次排在船舱两边。不过，子敬先生切记啊，今天我们所谈万不可告知周都督。否则，我必死无疑啊！"此时的诸葛亮一改玩笑表情，一本正经地紧握鲁肃的手，边向船外走，边再三叮嘱。

虽然鲁肃从原则上还是忠心于东吴，但是从个人品德上，还是十分忠厚仁义的。因此，鲁肃答应了，并按诸葛亮的要求把东西准备齐全。两天过去了，不见一点动静，直到第三天四更时分，诸葛亮秘密地请鲁肃一起到船上，说是一起去取箭。鲁肃很纳闷。

诸葛亮吩咐把事先准备好的二十艘船用绳索连起来，向对岸的曹操军营方向驶去。当时的江面是大雾弥漫，当这二十艘船靠近曹军水寨时，诸葛亮命船一字儿摆开，叫士兵擂鼓呐喊。曹操以为对方来进攻，又因雾大怕中埋伏，就派六千名弓箭手向江中连续射箭，瞬间雨点般的箭矢纷纷射在小船上事先准备好的草人身上。随后，诸葛亮又命令驶船士卒将船掉转，让另一面继续面对曹营方向……

太阳出来了，江雾逐渐散去，诸葛亮即刻下令将所有船只赶紧往回划。这时船的两边草人身上密密麻麻地插满了曹营的雕翎箭,每艘船上至少有五六千支箭,总数超过了十万支。鲁肃把借箭的经过告诉周瑜时,周瑜感叹地说:"诸葛亮神机妙算,我不如他!"

虽然这只是《三国演义》情节,但是从历史上看,孙刘联军最后大胜曹军于赤壁,随后,刘备与诸葛亮又计借荆州三郡屯兵发展。这也确实能说明诸葛亮有审势谋定的大智慧。客观地讲,孙刘联盟虽然曲折不断,但是鲁肃所倡议且毕生践行的孙刘联盟之计,还是有其历史意义的。

此外,历史中的周瑜也并非演义中的那样。相反,周瑜之豁达与智才,不在诸葛亮之下。遗憾的是,周瑜英年早逝,三十六岁卒,也不是死在《三国演义》中诸葛亮"三气"上。

变通的智慧

巧借外部资源的关键在于,要有敏锐的眼光和非凡的智慧。你需要识别哪些资源是对你有用的,如何以最小的成本获取这些资源,并且在使用过程中保持诚信和互惠的原则,确保双方都能从中受益。这样,你不仅能够高效地完成目标,还能在此过程中建立起强大的人脉关系网和信誉,为自己的未来织就一张更加坚实、可用之网。

巧用反间计:让对方自己斩掉臂膀

反间计是古代兵法中极为高明的手段之一,其核心在于利用敌方内部的矛盾或信息不对称,通过巧妙布局,使敌人内部产生误解、猜疑甚至自相残杀,从而达到削弱对方实力乃至消灭对方的目的。

要想成功实施反间计,首先,需要深入了解敌方的内部情况,包括人员关系、性格弱点、利益冲突等,这是实施反间计的前提;其次,对方团队内部或上下级间存在不信任的基础,被实施反间计的对手一定是个疑心过重的人;再次,要精心设计计谋,既要让敌方信以为真,又要能巧妙引导其行动,使之落入预设的陷阱。

气势正盛的曹操,在平定北方后,于建安十三年(208年),亲率二十万大军南下,意在平定江东孙权。其间,被曹操大军追赶得近乎走投无路的刘备,在想暂避江夏刘琦途中,被江东使者鲁肃说服。之后,诸葛亮随鲁肃到江东舌战群儒,最终达成孙刘联盟对抗曹操于赤壁。虽然当时的孙刘达成联盟,但其联军也就有五万人。

孙刘联军五万对抗曹操气势正盛的二十万大军,无异于以卵击石。

在此背景下,周瑜才针对曹操的情况,实施赤壁大战前的第一计,反间计。

虽然曹操多疑,但是他在用人方面不拘一格,确实令人敬佩。曹操要想成功征服东吴,必须有足够实力的水军,而曹操军队多是北方的陆战队。因此,曹操当时急需要像蔡瑁与张允这样的水军人才。因为赤壁大战前,曹操信心满满率军大战三江口。殊不知,东吴大将甘宁只一箭便射杀了蔡壎(蔡瑁的弟弟)。随之,甘宁驱船大进,万弩齐发。曹军不能抵挡。右边蒋钦,左边韩当,直冲入曹军队列中,致使曹军死伤者不计其数。

在此背景下,曹操才质问蔡瑁与张允:"东吴的士兵虽然人数少,但我们却被他们打败了,这完全是因为你们没有尽心尽力啊!"蔡瑁回答:"荆州的水军已经很久没有参加过真正的战斗了,而青州、徐州的军队呢,他们一直都不擅长水上作战。这就是导致我们失败的原因。现在,我们应该首先建立水上营地,把青州、徐州的军队放在里面,荆州的军队放在外面,每天进行严格的训练,直到他们都非常熟练了,才能让他们上战场。"曹操说:"你既然已经是水军的都督了,那就有权力根据具体情况自行决定行事,何必每次都来向我禀报呢!"

假如曹操真的一直重用与信任蔡瑁的话,那么赤壁大战之历史真的有可能被改写。遗憾的是，曹操虽然有用人不拘一格之魄力，但是他的多疑确实也害他不浅。

也正在这个节骨眼儿，曹操帐下有一位自以为是的谋士蒋干出场了。也正是这个蒋干才让曹操的命运重新改写，同时也给原本信心十足、忠心耿耿于曹操的蔡瑁和张允带来了杀身之祸。

蒋干，因自幼和周瑜同窗读书，便向曹操毛遂自荐，要过江到东吴去作说客，劝降周瑜，免得大动干戈。曹操自然欢喜，亲自置酒为蒋干送行。一天，周瑜正在帐中议事，部下传报"故人蒋干相访"。周瑜瞬间便猜出蒋干来意，遂计上心来，连忙吩咐众将依计而行，随后带着众人亲自出帐相迎。同窗相见，自然是寒暄一番，周瑜与蒋干手挽着手，边说笑边大步入帐。随之的一番设盛宴款待蒋干，请文武官员都来作陪，不必细说了。

正当蒋干暗自庆幸周瑜这位老同学、东吴的大都督如此热情之时，周瑜解下佩剑交给太史慈，命他掌剑监酒，吩咐道："蒋干和我是同窗故友，虽从江北到此，肯定不是曹操的说客，诸位不要心疑。因此，今日之宴，只谈同学友情，而决不允许谈论两家战事。违此令者立斩！"蒋干听了，哪还敢多说相关之事。周瑜对蒋干说道："我自领兵以来，滴酒不饮，今日故友相会，正是：江上遇良友，军中会故知。定要喝他个一醉方休！"说罢，传令奏起军中得胜之乐，开怀畅饮。

宴罢，蒋干扶着周瑜回到帐中，周瑜说道："很久没和子翼（蒋干字子翼）兄共寝，今夜要同榻而眠。"说着，周瑜沉沉睡去。蒋干心中有事，自然难以入睡。他见周瑜鼾声如雷，便摸到桌前，拿起一叠文书偷看起来。正翻着，忽见里面有一封书信，细看却是曹操的水军都督蔡瑁、张允写给周瑜的降书。蒋干看罢，大吃一惊，慌忙把信藏在衣内……清晨，有人入帐叫醒周瑜，回禀："江北有人来……"周瑜急忙止住他，看看蒋干，蒋干只装熟睡。周瑜和那人轻轻走出帐外，又听那人低声说道："蔡瑁、张允说，现在还不能下手……"

之后的情节大家就更清楚了。回到曹营中的蒋干自以为是，边对曹操汇报暗自偷听到有关蔡瑁想投靠江东消息,边把他私藏周瑜故意写给蔡瑁那封回信呈递曹操。曹操也是操之过急啊,竟然怒火中烧,即刻令人将蔡瑁、张允的人头斩下。几乎就是瞬间的事,当送上蔡、张人头时,曹操恍然大悟。唉,遗憾的是,操之过急,为时已晚。

如果按原先的计划(蔡瑁的思路)发展,曹操的水师虽然不一定能战胜孙刘联军,但起码不会被打得如此惨败。以蔡瑁多年的水战经验,是绝不会把战船连在一起的。然而曹操最终还是中了周瑜的反间计,将蔡瑁和张允杀掉,而且曹操连让他们辩解的机会都不给。就这样,曹操自己斩掉了自己的臂膀。

周瑜的这一计策,不仅成功除去了曹军中的得力干将,还极大地削弱了曹军的水上作战能力,为赤壁之战的最终胜利创造了有利条件。这一事件不仅展现了周瑜的智勇双全,也成了三国历史上一段脍炙人口的佳话。

周瑜反间计的成功,其原因很简单:假戏真做,环环相扣,进而导致曹操聪明一世,糊涂一时。

变通的智慧

在现代社会,反间计这一谋略依然具有一定的借鉴意义。在商业竞争、人际关系等领域,通过深入了解对手、精心策划、巧妙布局,同样可以达到削弱对手实力、保护自己的目的。然而,也应注意遵守法律法规和道德准则,避免采用不正当手段。在生活和工作中,我们没有必要实施反间计,但我们要能识破且能提防对手对我们所实施的反间计。

保持"用户思维",将需求和"痛点"完美结合

在商战中,我们经常会说要保持"用户思维",要把用户的需求和"痛点"结合起来。这是一种以用户为中心的设计和服务思路,即企业或个人在开发产品、提供服务时,始终站在用户的角度思考问题,深入理解并准确把握用户的真实需求与潜在痛点,进而通过创新的方式将这些需求与痛点完美融合,创造出既满足用户需求又解决其痛点的优质产品或服务。其实,这种思维方式或者说是以客户为本的理念,在古代历史中经常被运用。

公元前202年,刘邦称帝,史称汉高祖,立吕雉为皇后,时年五岁的次子刘盈为皇太子。

刘邦次子刘盈被立为太子,除了长子刘肥不存在竞争性外(因其生母是刘邦起事前的民间情妇曹氏),但在其他诸王中,确实也有与刘盈形成太子位竞争的刘邦三子刘如意,因为刘如意是刘邦宠妃定陶戚姬(史称戚夫人)所生。

汉高帝二年(前205年)四月,汉王刘邦于彭城兵败,向西撤退,经定陶(今山东菏泽)纳戚姬,戚姬生子刘如意。但汉高祖征战关东之时,戚夫人经常跟从,日日夜夜哭泣撒娇,想让刘邦立刘如意为太子。而吕后留守都城,不在刘邦身边服侍,加之其年长,戚夫人自然较吕后更令高祖喜欢。时间久了,刘邦也越来越感觉,太子刘盈太过羸弱,根本不像他(其实,刘如意也不像刘邦,而长子刘肥更像刘邦)。刘邦遂逐渐萌生了废刘盈、立刘如意为太子之意。

在古代王朝,嫡长子继承制是帝位传承的原则,且太子作为天下根本,册立或废掉都关乎王朝安危。远的不说,刚刚灭亡的大秦帝国,就因秦始皇不早定扶苏为太子,给了胡亥和赵高、李斯可乘之机,把秦朝推上了灭亡之路。

当刘邦表露出废掉太子的意思后,激起了朝臣的反对和谏阻。吕后也非常

害怕，不知如何是好。当时有高人指点吕后：留侯张良善谋多计，很得皇上的宠信，不妨求教于他。

于是，吕后派建成侯吕泽向张良问计。吕泽直接问道："君侯你经常作为皇上的谋臣，现在皇上想换太子，难道您可以高枕无忧吗？"

张良深谙明哲保身之道，自然不愿卷入宫廷斗争，于是小心回答："之前我献计虽多次能挽救陛下于危难中，但那是战争平定之时，现在天下一统，陛下废立太子，那是皇家私事。我们为臣子，如何能多言介入呢？"

但吕泽不甘心，大有不达目的不罢休之势，硬要张良给出策略。张良不可推脱，才缓缓说道："关乎废立之事，显然不是几句口舌争斗就可解决的。现在有四人当时由于陛下不重用儒生而隐遁，如果你们能够不惜重金诚请他们出山，辅佐太子，那时太子之位自然就稳固了。"

吕泽依言汇报，吕后大喜，马上派人拿着太子的书信，卑辞厚礼，把商山四皓东园公、绮里季、夏黄公和角里先生请来，奉为太子上宾，安置在吕泽的住处。

刘邦在宴会上看到这四个飘飘欲仙的老人，知道了太子刘盈有吕后的庇护，也知道了刘盈有这四位贤者的支持和帮助。

刘邦废太子的想法，朝臣多数反对。御史大夫周昌的反应尤为激烈。刘邦问他理由，周昌口吃，又逢盛怒，急忙答道："我虽然嘴巴笨，不太会说话，但我心里清楚地知道这是不可以的！陛下您如果想废黜太子，那我坚决不会遵从您的命令！"

刘邦听完，欣然一笑。看到朝臣多站在太子这边，刘邦心里很不是滋味，也担心自己驾崩之后，爱子赵王如意会性命不保。

此时太子太傅叔孙通劝说："以前晋献公因为骊姬，废太子，立奚齐，沦为天下笑柄。秦朝不早定扶苏为太子，令赵高得以诈立胡亥，致使灭亡，这是陛下亲眼所见。现在太子仁孝，尽人皆知。吕后与您更有糟糠之情。如果您定要改立太子，臣愿用颈血洗地！"

符玺御史赵尧洞悉刘邦的心病，向刘邦建议，为刘如意的王国（赵国）派遣一位持重强硬的丞相，此人应该是吕后、太子以及群臣平常所尊敬且忌惮之人。

刘邦问谁可以担任该职，赵尧认为周昌是赵国丞相的不二人选。周昌反对废掉太子，如果担任赵王的丞相，必定不会做危害赵王性命之事，否则将落下废立的口实。于是，刘邦派周昌为赵国丞相，而以赵尧为大汉的御史大夫。

尽管如此，刘邦废立的念头始终未打消。汉高帝十一年（前196年）七月，淮南王英（黥）布造反。当时刘邦正在病中，想派太子统兵去平定叛乱。

商山四皓认为，此事事关重大，对太子不利，于是对吕泽说："太子统兵，有功则对储位没有益处，没功的话，那么从此就祸害无穷了。你何不立即向吕后禀报，让吕后找机会向皇上哭诉，为天下安危着想，请皇上御驾亲征！"吕后向刘邦哭诉后，刘邦果然御驾亲征了。

汉高帝十二年（前195年）四月，中国历史上第一位平民皇帝刘邦，在长乐宫驾崩，太子刘盈即位为帝。之后，刘邦多年的隐忧终于发生，戚姬和其子赵王刘如意，相继死在了吕后手中。随后，大汉的车轮驶入了吕后时代。

在这场帝位争夺战中，刘盈能成功即位，吕后、张良、商山四皓都起到了决定性的作用。吕后是为了维护自身利益，张良和商山四皓其实也是为了维护自身利益，但后者更懂得"用户思维"，将用户（吕后集团）的需求（保住太子之位）和"痛点"（害怕太子被废）结合了起来，所以才促使这件事有了完美结局。

变通的智慧

保持"用户思维"，有助于企业精准定位市场，提升用户体验，增强用户黏性，从而在激烈的市场竞争中脱颖而出。它是企业实现可持续发展、赢得用户信赖的关键所在。保持"用户思维"，满足客户需求，这种思维不仅适用于商战中，同样也适用我们的人际关系及职场工作中。我们不妨从利他角度出发，以对方需求与痛点完美结合为原则，适时变通我们的想法与行动，定能收获颇多。

收敛锋芒以避祸事，韬光养晦取代他人

同为开国皇帝，还有着姨父与外甥关系的隋文帝杨坚与唐高祖李渊，在后人眼中却有着相同但又不同的感觉。杨坚与李渊都是贤明的开国皇帝，这是他们的相同之处。而两人也有明显的不同，隋朝毁于杨坚儿子炀帝杨广，唐朝则兴盛于李渊儿子太宗李世民。

杨坚当时所处的环境比较凶险，但是杨坚在时局当口的洞察力与极富城府的韬晦之变通素质，不可谓不强。

在复杂多变的环境中，我们不应过于张扬自己的才华与能力，以免招致不必要的嫉妒与攻击，从而陷入祸患之中。在适当的时候隐藏自己的光芒，保持谦逊与低调，这是一种自我保护的艺术，也是智慧的表现。

大成元年（579年）二月，北周宣帝宇文赟弥留中，把颜之仪、刘昉两个人叫了过去，给其留下遗诏，选一个辅政大臣。那时的宣帝已无力讲话了，刘昉和郑译（杨坚的心腹）权衡再三，终于作出历史性的决定：选定了杨坚。

与刘昉在一起的还有颜之仪，颜之仪果断地拒绝了让杨坚当辅政大臣的提议。当时先皇弥留托孤重臣，其中就有这位颜之仪。因此，他如果不签字，这诏书就没有法律效力。这时候，杨坚的女儿出场了。她是现在的太后，亲自出面来解决这件事，颜之仪一看自己也管不了，那随你们去吧。于是刘昉等人伪造了颜之仪字迹，一份假遗诏就生成了，并昭告天下。

随之，新的问题又出现了：杨坚是辅政大臣，那应该立个什么官呢？刘昉、郑译就耍了个心眼，说你杨坚当大冢宰（北周官名，相当于明、清吏部尚书），刘昉当小冢宰，郑译当司马。杨坚自然知道他们二人这也是在玩心眼：如果这样安排，我不是被架空了。如果那样，我当不当辅政大臣，还有什么意

义呢？但杨坚也不好当面反驳，因为他们毕竟帮助了自己。于是，杨坚找到了李德林。杨坚这位哥们不仅有才，而且还很厉害。他给杨坚出了个主意，说：大冢宰虽然是最大的官，自宇文护之后便是个虚职，你不如自己造个官当，叫大丞相，朝政军事一把抓。杨坚听了他的话，于是他就当上了大丞相。

杨坚是在杨忠（北魏到北周时期名将，西魏十二大将军之一，隋文帝杨坚之父，后被追封为隋太祖）事业的上升期出生的，因此起点比较高。杨坚15岁时就因为父亲杨忠的功勋而成为车骑将军，并得到了县公的公爵；16岁成了骠骑大将军，有开府之权；25岁成为随州刺史，进位大将军；28岁时父亲杨忠去世，杨坚承袭为隋国公。有了父亲杨忠的关系，杨坚的职位和地位升得很快，因此也招来很多人的忌惮。

杨坚长相超凡，宇文泰认为他非普通人。在那个年代，不是普通人就意味着位极人臣或者贵不可言。北周明帝宇文毓甚至还偷偷找人给杨坚看相，看相的人向着杨坚，因此对宇文毓说："这个人只是做柱国的料。"之后又对杨坚说："公当为天下君"，明确指出杨坚要当帝王。后来，北周雄主宇文邕即位，让太子娶了杨坚的大女儿杨丽华，和杨坚成了儿女亲家。宇文邕的五弟，齐王宇文宪对宇文邕说他每次见杨坚，都感觉诚惶诚恐，因此这个人可能以后要篡位，最好先杀了。宇文邕则说："杨坚还可以作为将领用。"

这么多人都猜忌杨坚，杨坚心里当然清楚，他不得不小心翼翼，收敛锋芒。

宇文邕虽然年轻有为，雄才大略，但遗憾的是，他英年早逝（36岁）。

宇文邕死后，19岁的太子宇文赟即位，也就是周宣帝，为了依靠杨坚巩固自己的皇帝位，他就立了杨坚的女儿杨丽华为皇后。宇文赟既用杨坚，又要极力打压杨坚。宇文赟经常恐吓杨丽华："早晚我要灭你们杨家满门。"随后，宇文赟也确实特意召杨坚进宫，让左右观察其是否有异样表情。如果发现，即刻将其斩杀。好在杨坚神色自若，才躲过一劫。

杨坚心里害怕又没有办法，他就请教自己的老同学，在宣帝宇文赟面前正得宠的内史上大夫郑译。郑译给杨坚出了外出避祸的主意，他又在宇文赟面前建议派杨坚去地方担任官职，郑译的建议也正中宇文赟下怀。

北周大象二年（580年）五月初五，宇文赟下诏让杨坚担任扬州总管。遗憾的是，宇文赟十一日突然病重，二十五日就驾崩了。

杨坚被定为辅政大丞相后，一改宇文氏的奢靡浪费，提倡勤俭节约；又恢复了被宇文邕禁止的佛、道二教，短时间内就收买了不少人心。

之后，杨坚用四个月时间，平定了相州（治地邺城）总管、勋州（治地湖北安陆）总管和益州（治地成都）总管的三方叛乱。其间，杨坚得到了关陇勋贵的支持，他开始起了代周建隋之心。

从公元580年7月到12月的半年时间，杨坚矫诏把北周宗室五王骗回京城，全部斩杀。随后，杨坚下令屠杀了宇文氏子孙五十多人，将有可能威胁自己的宇文子孙屠杀殆尽。

借势打势，杨坚借用一切可利用的力量，扫清了他登基的所有障碍。北周大定元年（581年）二月，杨坚迫使八岁的北周静帝宇文阐禅让，建立了隋朝，史称隋文帝。

杨坚在位二十四年，他先统一了南方，结束了分裂，又创建了"开皇之治"的局面。隋文帝统治时期，经济繁荣，可以说这是中国历史上非常富庶的时期。

变通的智慧

我们都想让自己更上一层楼，甚至是取代某些人，成为他们那样的人。这需要平时隐忍点，不要锋芒毕露，不要成为别人攻击的目标；更重要的是要懂得韬光养晦，不断提升自身的能力与修养，默默积蓄力量。当你的能力、见识、品德等方面达到了一定的高度，自然而然就获得了他人的认可与尊重，从而就会在竞争中脱颖而出，取代了原本由他人占据的地位或角色。这种取代是基于实力与贡献的自然结果，是公平竞争的产物。

故作被动定局势，谋定而后动

很多时候，我们都处于被动局势中，在这种情况下，不妨利用一下被动局势，先顺着被动局势发展下去，看似自己无能为力，实则心中有数：已经把局势掌握在手中了。等到局势已经明了并稳定后，利用现有的局势，借势而进，达到自己的目的。

在中国古代历史上，改朝换代虽然多数都是通过流血争斗完成的，但是也确实有看似十分温顺的前朝君主对新王朝开创者的所谓禅让。殊不知，改朝换代的根本原因，是原王朝的内部腐朽或因主少或君弱，从而给了新王朝开创者改朝换代的机会。

后周（中国五代最后一个王朝）显德六年（959年），后周皇帝世宗柴荣驾崩，七岁的后周恭帝柴宗训继位，朝廷便出现了"君少臣疑"的不安定局面。随之，殿前都点检、归德军节度使赵匡胤，禁军高级将领石守信、王审琦等共同掌控了后周军队大权。显德七年（960年）正月初二，后周朝堂上突然收到契丹联合北汉（中国历史十国之一）南下进攻后周的军报。后周时任宰相范质难辨别真假，便急派赵匡胤统军北上御敌。

当后周军队行军到陈桥驿（今河南封丘）扎营休息时，将士们开始议论。很多人都认为，如今年仅七岁的皇帝继位，大正月就派我们出去征战确实有点过分。因此，我们不如先拥立赵点检（赵匡胤）为天子，然后再北征。随之，李处耘将众人的意见传达给赵普，赵普却干脆地反对说："太尉赵检点绝对忠诚于后周，假如你们胆敢如此，他一定杀了你们。"

听赵普如此坚定地回绝，一些参加议论此事的胆小将领都悄悄开溜了。然而，肯定也有胆大且意志坚定的将领便想：我们冒天下之大不韪，议论另立新

第五章 借势而进：巧借外力唱赞歌

君，一旦此事泄露，肯定也是灭门之祸。假如我们另立成功，不仅没有罪，而且还有拥戴奇功。倘若不成，无非也是死路一条。既然另立与不立都有可能是死，两害相权取其轻，于是这些胆大的将领又跑去找赵普。

作为赵匡胤的亲信，赵普早就认定赵匡胤能成大事，见众人如此坚定，他也希望赵匡胤能荣登九五。于是，赵普派人连夜赶回开封保护好赵氏家眷，同时通知石守信、王审琦管好开封各城门。

一切安排妥当后，黎明时分赵普禀报将士们的诉求，睡眼惺忪的赵匡胤一听，吓出一身冷汗，即刻想出帐劝说。殊不知，突然有人将一件黄袍披在他身上，随后便是"山呼万岁"声，不绝于耳。

《宋史》记载是赵匡胤明确拒绝。如果答应称帝，自己就是对后周不忠，此事必成为其终生污点。如果坚决不答应并以死自证清白，那么这群将士为保命更是得杀回开封。如果真的那样，后周非但不能继续北征抗敌，还将陷入内

乱。面对众将士的苦苦相逼，赵匡胤不得已只有接受。但他提出要求，必须听他的命令。众人齐声答应，赵匡胤这才无奈地率军返回京城。

960年正月初三，赵匡胤黄袍加身。正月初四，赵匡胤率军回师开封。京城守将石守信、王审琦等人已经打开城门迎接。侍卫亲军马步军副都指挥使韩通想要抵抗，但韩通一冲出来，赵匡胤的护卫将士就把他人头砍落，并且迅速杀掉了韩通的三个儿子。除了韩通反对外，文臣中的宰相范质也是反对的。当赵匡胤走进朝廷的时候，所有的文臣都跪了下来，范质不仅没有下跪，还怒斥赵匡胤：先帝待你不薄，你却忘恩负义，带兵谋反。赵匡胤哭着说：我是被将士们逼迫的。接着，在将军罗彦环的逼迫下，范质没办法，只得也跪了下来。

赵匡胤登基为帝，改国号为宋，定都开封。抛开史实真相，赵匡胤"黄袍加身"与"陈桥兵变"，如此完美与圆满的契合，共同揭开了北宋王朝的繁荣，终结了五代之纷乱，确实也是中国历史的进步。而这一切，也是借势而取，轻松成就霸业的经典案例。

这种成功绝不是历史的偶然，而是赵匡胤身为军队统帅"严敕军士，勿令剽劫"的一种领袖榜样力量及坚实的团体力量，共同支持的借势而进的成功必然。

变通的智慧

有时候，我们想做的事不敢做，但会被别人推着去做了。只要不违反法律和道德底线，做了就做了吧，这也是变被动为主动的一种决定性的选择。要变被动为主动，关键在于洞察先机、主动出击与灵活应变。在行动过程中，要保持灵活性，随时根据局势变化调整策略，确保始终处于主动地位。这样才能顺势而进，掌控局势，达到自己的目的。

第六章
乘势而上
时不我待展英才

《孟子》说:"虽有智慧,不如乘势。"意思是虽然有很高的智慧,也不如顺应和利用有利时势重要。在适当的时候采取行动,利用有利的时机和条件,才能获得最大的利益或成功。人生如棋,识势者生,顺势者为,乘势者赢。执子间当审时度势,落子时应顺势而为,提子时可乘势而上,如此方可为赢家。

能做还要能说，能说还要会说

俗话说"好马出在腿上，好人出在嘴上"，这是有道理的。马作为古代重要的交通工具，其速度和耐力很大程度上取决于腿的力量和健康。因此，好马的标准关键在于其腿部的强健。人作为社会性动物，沟通和表达的能力至关重要。良好的口才和恰当的言辞能够帮助人们更好地与人交往，解决问题，甚至影响他人的行为和决策。

很多时候。能做不如能说，能说不如会说。能说只是一种方式，但会说才是一种技巧。因为同样的话，不同说法给人的感觉与反应是完全不同的。刘备三顾茅庐，终于与诸葛亮展开那段著名的《隆中对》。诸葛亮未出茅庐，便知天下三分，果然是高人！

虽然人称刘备为"刘皇叔"，但客观地讲，在三国中，最没有基础与实力的就是这位刘皇叔。

而改变这一切的开始，就是徐庶主动走进了刘备的视野中。徐庶在新野遇到了"屡战屡败，屡败屡战"的刘备，两人相谈甚欢，不谋而合。至此，刘备麾下终于有了第一位谋士——徐庶。

虽然在史书上有关徐庶的记载并不多，但是在《三国演义》中，徐庶的更大作用是"元直走马荐诸葛"。

徐庶，字元直，开始是刘备的谋士，帮助刘备大败曹军。后来，曹操以其母为质，徐庶被迫归曹。刘备为徐庶送行。徐庶骑马走了，后来又回来向刘备推荐隐居隆中的诸葛亮，称其有经天纬地之才。刘备听后，决心亲自拜访诸葛亮，最终成就了"三顾茅庐"的佳话。

建安十二年（207年）冬天，刘备"三顾茅庐"，诸葛亮《隆中对》正式打开了他与刘皇叔携手图谋霸业的序幕。在他与眼前这位刘皇叔的开诚布公地纵论天下时局中，彼此确实有种惺惺相惜，英雄相见恨晚的感慨与感动。

"自董卓以来，豪杰并起，跨州连郡者不可胜数"，虽然这是当初天下时局，但是在诸葛亮眼中，显然都只不过是历史舞台中的一次跳梁小丑般的表演罢了。"今操已拥百万之众，挟天子而令诸侯，此诚不可与争锋"，在此众多群雄中，确实有实力雄厚的曹操，但我们可以暂避开其锋芒。此句不仅意在提醒刘皇叔以后战略的方向，而且还暗示假若他出山辅佐曹操，那对于曹操而言，无异于是锦上添花。其暗语意在提醒刘皇叔，我认可了您这位老板，但老板您可也得尽快重用我啊。否则，您的机会也不多了。

如此高明的时局分析之语，实则也是诸葛亮的完美且不露痕迹的面试推荐语。

"孙权据有江东，已历三世，国险而民附，贤能为之用，此可以为援而不可图也。"除曹操正盛，江东孙权也不好惹。因此，我们必须与其联合对抗曹操。诸葛亮在未出草庐时，便提出了他日后与鲁肃英雄所见略同的孙刘联盟抗曹方略。确实是天下大才，能一语中的，直击时局破解之要害。诸葛亮的一番话如同拨云见日般点醒刘备，《隆中对》也明确预示了天下三分之未来。

如此不仅提出了问题与矛盾，更为关键与重要的是，诸葛亮还提出了准确且可行的解决办法与方略。这就是伟大战略家的眼光。

诸葛亮接着说："荆州北据汉、沔，利尽南海，东连吴会，西通巴、蜀，此用武之国，而其主不能守……"荆州北靠汉水沔水，南近南海，东连吴会（此地名不同历史时期有所不同，但大致相当于当今的沪、苏、杭一带），西达巴蜀，是攻守皆宜的用武之地。可惜占据荆州的刘表见识短浅，庸弱昏聩，妒才忌能，怎能抵挡得住曹操的征伐和孙权的觊觎！

如此更进一步提出了战术。光有战略还不行，还应该要有可行的战术。因此，诸葛亮提出让刘备趁机夺取荆州。虽然荆州之险重要，但是那里的主人刘表有着明显的不可能成大事的迹象。因此，诸葛亮暗示且提醒，要想霸业成功，首要就得先占据荆州这块战略要地——以此为根据地，再谋益州；条件成熟，即可北上与曹操争锋，力夺天下。

诸葛亮见刘备不语，继续说道："西有益州，易守难攻，那里沃野千里，自古有'天府之国'美誉，可是益州主刘璋昏庸无能，那里的有识之士都在盼望明主呢！""天下人又都钦佩将军之德，只要您愿意招贤纳士，海内豪杰便会归于您的麾下。因此，您只要占据荆州后，择机即可西取益州……"刘备不觉脱口应和："就可学高祖，图霸中原。"诸葛亮进一步提出他的霸业方略："要图霸中原，还需西和诸戎，南抚夷越，外联孙权，内修政治，静观时变。届时，荆州之军夺取洛阳；您亲率大军据益州，进而图谋秦川……霸业可成，汉室可兴矣！"

诸葛亮《隆中对》之核心就是乘势而上，随之也鼓舞了刘备时不我待之霸业雄心。

可以说，《隆中对》在三国历史中发挥了举足轻重的作用。首先，它确立了诸葛亮在刘备集团中的核心谋士地位，使得刘备对诸葛亮的智谋深信不疑。其次，《隆中对》为刘备规划了一条清晰的战略路线，即先取荆州为家，再取益州成鼎足之势，继而图取中原，这一战略构想为蜀汉政权的建立奠定了理论基础。通过联合孙权共同对抗曹操，阻止了曹操的进一步扩张，从而促成了三国鼎立局面的形成。此外，《隆中对》还体现了诸葛亮深邃的战略眼光和卓越的政治才能，成为中国古代战略思想的典范之一。在历史上，这一战略构想不仅帮助刘备在短时间内迅速崛起，也对后世产生了深远的影响。

毫无疑问，诸葛亮在隆中与刘备的成功交谈，是和诸葛亮胸怀天下、深谋远虑的格局分不开的，也与诸葛亮能言善辩的口才更为密切相关。

想想看，如果你是刘备的话，面对诸葛亮逻辑缜密、条理清晰的绝妙口才，相信你也会被打动。

变通的智慧

无论做人还是做事，无论是在生活中还是在工作中，不仅要会做，还要会说。会做很重要，这个"做"指的是个人能力和专业技能，这是基础。一个只会说话而不会做事的人，终究会被人所鄙视。但仅会做事而不善表达，会让做事的效果大打折扣，而且很可能白白做了事。从某种意义上来说，会做不如会说。一个会说的人，懂得说话的艺术与技巧，能够根据不同场合、对象，用恰当的方式表达，既能达到沟通目的，又能增进人际关系。

挖墙脚不是重视人才，而是削弱对手的力量

通过挖墙脚，削弱对手力量，是在战争、商业竞争、体育竞技乃至更广泛领域中的一种策略性思维。其本质在于，通过吸引或挖取竞争对手的关键人才或技术资源，间接削弱对方的实力，从而在竞争中占据优势。

《三国演义》中刘备偶遇徐庶且拜其为军师后，经过徐庶几个月训练，刘备十分有限的军队在新野之战与樊城之战中大挫曹军当时的锐气。

曹操得知两次兵败，原因在于刘备聘请徐庶为军师，因此在程昱建议下，曹操先将徐庶的母亲掳至许昌。随后，程昱模仿徐庶母亲的笔记给徐庶写信，无奈徐庶辞别刘备，只身前往许昌。

徐庶到许昌见了母亲后才得知自己被骗，徐母在斥责徐庶之后自杀，徐庶也发誓终生不为曹操献一计一策。

其实事情并不像我们许多人，尤其像《三国演义》上说的那样徐庶"身在

曹营心在汉"。徐庶"身在曹营心在汉"，就对曹操"一言不发"，肯定有逻辑上的矛盾。曹操"挟天子令诸侯"，代表的是汉朝皇帝。因此徐庶给曹操出谋，其本质上就是给大汉出谋。何况是，当时的刘备虽名为刘皇叔，可他并没有代表皇帝的权力与资格。

因此说，"徐庶进曹营，一言不发"，较可信的理由应该是他确实没有资格与机会在曹营发声。假如徐庶进曹营一言不发的原因是"身在曹营心在汉"，那么后来的曹操集团中的荀彧、荀攸、崔琰虽反对曹操称王，但前期依然是对曹操作出卓越贡献，当如何解释呢？尤其是荀彧为曹操镇守后方、出谋划策、招揽名士、分析利弊、指点迷津。即便有如此大贡献，可最后曹操也因荀彧反对其称王，下令除掉了荀彧。还有杨修之死，只是因为他太自以为是，不合时宜地卖弄他的聪明。

既然曹操是这样的老板，那他怎么可能对于徐庶的"身在曹营心在汉"而置之不理呢？何况后来徐庶活得比诸葛亮还长，在曹丕朝官至右中郎将、御史中丞。徐庶一直活到了曹叡太和年之后（233年）才病死。而且在诸葛亮北伐的时候，还有关于诸葛亮问候徐庶的记载。

因此，"徐庶进曹营，一言不发"，其原因概括就是一句话：徐庶不是不想给曹操出主意，而是轮不到他说话。

曹操手下能人谋士很多，曹操根本不相信徐庶之言。为什么曹操相信一个"身在曹营心在汉"的徐庶呢？当时曹操手下可不像那位刘皇叔，只有徐庶一个可称得上谋士层级的人才。

也可换个角度思考：曹操诱骗徐庶进曹营的真正目的何在？难道真想用徐庶吗？不尽然。因为曹操只是对刘备突然的胜利感到好奇，所以才干脆挖掉给刘备出主意的徐庶就行了。有了徐庶，刘备才战胜了曹操。那么曹操就干脆撤掉刘备所倚仗的梯子（徐庶）。当然，"元真走马荐诸葛"，那是曹操始料不及的事。

曹魏集团的人才实在是太多了，谋士当中，第一梯队的荀彧、郭嘉、贾诩、程昱、荀攸等人，已经是相当拥挤了。你这个跳槽过来，刚入职的徐庶，又怎么能说得上话呢？

因此说，不发一言，不是徐庶执拗或"身在曹营心在汉"，而是其地位与资格不够。

徐庶从刘备公司进入曹操公司，相当于他从一家私人小作坊，应聘到了一家上市公司，待遇、地位完全不一样。由此，其所受到的尊重程度自然也不会一样。徐庶在刘备这儿，可能就是总工级别的大人物，可是到了曹操公司，人家肯定要按流程来：先来新人6个月的实习期，看看能力再说。就算过了实习期，那也需要论资排辈，毕竟你有才华，别人也有才华。而且别人进入公司的时间比你早得多，甚至可以说是有原始股的高管。因此说，刚进曹营的徐庶，凭什么与人家竞争呢？

因此徐庶在曹操公司，插不上话，不是在《三国演义》里演绎的那样：身在曹营心在汉。那曹操为什么不杀掉徐庶呢？因为曹操是个很有头脑与心计的人，他所做的一切都是讲究成本与利益回报的。也就是说，曹操如果杀了徐庶，对他又有什么好处呢？既然没有好处，甚至坏处大于好处，那么曹操又何必杀掉徐庶呢？假如徐庶真的到了非杀不可地步，曹操还能如此吗？不会吧，徐庶较之杨修、荀彧如何？即便像那位更高傲且情商极低的祢衡，曹操不也是借黄祖之刀杀掉吗？

因此说，让徐庶进曹营最大目的，就是把他调离刘备身边。对于他的智慧与用不用他，似乎对于曹操集团都无关紧要。

徐庶很有才华，可是必须放在对应的环境下来说。放在当时的刘备集团，确实是凤毛麟角，可是放到曹魏集团，那就是个小人物了。

可见，徐庶出名也是借势而起（借刘备集团），其在曹操集团无名也是时势使然。

虽然曹操一生上演了多次不拘一格用人才的戏码，但是曹操采纳程昱之计诓骗徐庶进曹操阵营，不是如何想重用他，而是意在削弱刘备的力量。

> **变通的智慧**
>
> 直接招募人才固然是重视人才的表现，但"挖墙脚"更多地被赋予了战术色彩。它不仅仅是对个体能力的认可，更是对整体战略布局的考量。通过精准定位并成功挖取对方的核心成员，可以迅速瓦解对方的团队凝聚力，打乱其既定计划，甚至迫使其重新调整战略方向，从而达到消耗其资源和精力的目的。这种战术的成功，往往能够迅速改变竞争格局，使实施者在短时间内取得显著优势。

先稳住大局，然后再收拾残局

在面对复杂多变或突发状况时，首先要做的是保持整体局面的稳定，避免事态进一步恶化或失控，这就是稳定大局。这要求决策者迅速评估形势，采取必要措施控制局面，确保关键领域和核心利益不受损害。稳住大局后，再细致入微地处理遗留问题或修复受损环节，就是收拾残局。

古代历史上，每逢乱世或乱局时，虽然能够涌现出许多可歌可泣的慷慨悲歌之士，但是真正能够掌控局势甚至是最终改变残局的人，不是那种只知一味进取与攻打之人，而是那种能谋定而后动，先稳住大局，然后收拾残局之人。东晋朝的谢安就是这种智者与能人。

虽然谢万是谢安弟弟，也颇具才华（诗人、辞赋家），但是客观地讲，他并不擅长带兵打仗。然而，朝廷却派谢万带兵打仗，无异于病急乱投医。更令谢安担忧的是，谢万只知沉浸于他的名士清高中，根本不懂得和将士们和谐相处，继而导致军队士气低落、将帅离心。

谢安苦口婆心地劝说谢万要和将士们多接触，整顿士气。谢万倒也听话，很快安排了一次宴席，款待诸位将士。但是在宴席间，谢万实在不知道说什么话来激励将士，苦思半天，他也只是对着众将说了句："诸位都是劲卒！"意思是说，大家都是厉害的猛士！

谢万说这种话，旨在激励大家奋勇杀敌，可是他忽略了时代背景。当时正值东晋时期，武人的地位非常低，说大家是猛士，无异于骂人家是无脑的猛人。所以众将更加不高兴了。

没有凝聚力的队伍是不可能有战斗力的。没过多久，谢万带领的人马就遭遇了惨败。谢万虽侥幸逃脱，但也因此被贬为庶人。

谢万的失败不仅是他一人之事，而是关系整个谢氏家族。因为对于东晋时期的世家大族而言，如果一个家族没有一个人在朝中为官，那就意味着衰落。

为了家族和国家的利益，谢安不得不放弃悠闲的隐居生活，选择出山，时年四十岁。

谢安没有到朝廷任职，而是到大将军桓温麾下做司马（中下级军官），目的是为弟弟谢万收拾残局。在前线做官的日子，谢安很快表现出了过人的才能，晋升之路扶摇直上。

桓温这样评价谢安："安石（谢安，字安石）是不可以轻贱和凌辱的，因为他的自处之道无人能及。"而与此同时，桓温的野心也一步步暴露出来。

东晋咸安元年（371年），桓温因为北伐失败，恼羞成怒，回朝后直接逼迫褚太后废黜了晋废帝司马奕，另立司马昱为帝，即简文帝。

司马昱名为皇帝，实同傀儡，即位后仅能做到"拱默守道而已"。因为被桓温吓破了胆，司马昱临终前竟然传下遗诏：让桓温摄政，效仿周公。

在谢安和王坦之等人的干涉下，遗诏最终由"摄政"改为"辅政"。桓温本想着入朝称帝或者摄政，没想到皇位竟会不翼而飞，决定造反。

咸安二年（372年），桓温以拜谒皇陵的名义带兵逼近建康，狼子野心昭然若揭，建康城一时人心惶惶。但谢安临危不惧，挺身而出，和好友王坦之一起，去赴桓温摆下的鸿门宴。

桓温早就布置好了刀斧手，只等着摔杯为号，杀掉谢、王二人。王坦之见此情景，吓得汗流浃背，双腿打颤，但谢安泰然处之。入席坐定后，谢安镇定自若地对桓温说："刀斧手们本该在前线打仗，怎么躲在墙后充当护卫呢？"

桓温没想到谢安如此直接，只能尴尬地回答："怕有突发情况，不得不这样呀！"

接下来，桓温下令撤走了伏兵，谢安也牢牢把控住了主动权。他同桓温巧妙周旋，答应给桓温加九锡（皇帝给大臣的最高礼遇，权臣篡位的习惯程序），使桓温决定暂缓篡位，东晋朝廷这才躲过了一场大危机。

随后，谢安采用拖延战术，以各种理由改了无数稿加九锡的诏书。一直到宁康元年桓温病死，谢安手中加九锡的诏书也没改好，桓温自然也没能篡位成功。

桓温死后，谢安迎来了其职业生涯的高光时刻——成为一国宰相。这也意味着，他要承担更大的责任与使命。

太元八年（383年），前秦皇帝苻坚亲率百万大军进攻东晋，意在一统天下。这对东晋来说无异于灭顶之灾，因为东晋军只有八万人，与百万敌军抗衡，无异于以卵击石。

谢安临危不乱，举贤不避亲，举荐侄子谢玄带兵出征；他还安排桓温的弟弟桓冲为中军将军，实乃举贤不避仇。

谢玄和桓冲前线奋勇拼杀，谢安稳坐朝堂，屡出奇谋。在谢安的统筹安排与精心筹划下，谢玄在淝水大败苻坚大军，彻底粉碎了苻坚灭亡东晋的野心。这也就是赫赫有名的淝水之战。

危难时刻敢于担当、临危不惧的精神，确实完美地诠释了当时士大夫阶层们的完美人格。因为有谢安的力挽狂澜，东晋才迎来了较为安定和强盛的时期。毫不夸张地说，是谢安为东晋朝廷续命数十年。

虽然谢安曾经远离朝政，但是他永远有一种冷眼看世界、洞察时局的战略眼光。同时，他还有为改变残局而甘心给人当配角的从容心境。其中的一切看似平淡无奇，实则处处充满其娴熟的变通技艺及超凡的掌控智慧。

> **变通的智慧**
>
> 每个人的人生都会遭遇一些特殊情况，从而使自己陷入被动中，如果一味地这样发展下去，将会给自己带来失败甚至灾祸。这时就要先稳住大局，不让事态进一步恶化，这需要冷静而果敢的智慧。当大局稳定后，再想办法收拾残局，解决问题，从而扭转局势。学会稳住大局，懂得收拾残局，才能掌控大局。

是非不必争人我，彼此何须论短长

在面对生活与工作中的是与非、对与错时，不必过于执着于个人的得失与胜负，更不应为此争执不休。在人际交往中，每个人都有自己的立场与观点，难免会有分歧与差异，重要的是学会包容与理解，而非一味争强好胜，论及一时长短。只有胸怀大度而且低调的人，才会有和谐的人际关系，才会让自己处于有利地位。

时势造英雄，国难显忠臣。唐朝中兴名将郭子仪就是这种时势造就的英雄，也是国难之时显现的忠臣。然而，英雄往往充满悲剧性，忠臣也不一定都是好结局。岳飞是忠臣，也是英雄，可他的结局充满悲剧性。但唐朝中兴名臣郭子仪却是位妥妥的"是非不必争人我，彼此何须论短长"的智者与能臣。

郭子仪出身于唐朝关陇贵族，虽然郭子仪开始只是一个从九品的小官，但是到了天宝八年（749年），他被任命为左武卫大将军，成为从三品朝廷要员。

天宝十四年（755年）时，郭子仪已经身兼多职，成为一方节度使。如果唐朝没有发生安史之乱，那么郭子仪很可能就会止步于地方重臣这一官职。唐玄宗本想借安禄山势力来打压其他节度使的势力，殊不知，安禄山发动了"安史之乱"。

平叛伊始，郭子仪并不是最为成功的，但郭子仪总是能待时而动，借势出击，所以郭子仪逐步收拢其他势力，逐渐成为各势力的焦点人物。

《十七史百将传》中记载："子仪谓贼利速战，而坚壁待之。"郭子仪认为，敌人喜欢速战速决，因此他采取了坚守营垒的策略来应对。

与郭子仪同时起兵，且同样战功赫赫的，还有李光弼。李光弼与郭子仪作战风格明显不同，郭子仪更注重防守，李光弼则更擅长进攻。或许真是一朝被蛇咬，十年怕井绳。虽然郭子仪与李光弼在平乱中立下不世战功，但是唐肃宗还是十分担心他们会成为下一个安禄山。

在唐肃宗心里，应该更担忧郭子仪，他要限制郭子仪的权力。恰巧郭子仪在相州（大致相当于今天河南安阳及河北省临漳县范围）意外兵败，肃宗借此罢其兵权。郭子仪被罢黜之后，并没有表现出任何的不满，而是安心在闲职上工作。

郭子仪一生被多次削职罢黜，最终又被皇帝任用，不光是因为他小心谨慎，获得了皇帝的信任，更是因为郭子仪在关键的时刻，总能借势而起。

潼关失守，唐玄宗慌忙逃往巴蜀，并且把太子李亨派往北方指挥。郭子仪没有过多犹疑，坚定地站在太子李亨身边，最终帮助李亨成为皇帝（唐肃宗）。在混乱的局势之下，郭子仪再次作出了正确抉择。唐肃宗继位之后，郭子仪有拥立之功，更加得到唐肃宗的信任。

不久之后，郭子仪又因权势太重，被唐肃宗免职。被免职之后，他依然是淡然处之，静待时机。最终，时代选择了郭子仪。李光弼在关键时刻被叛军打败。

临危受命，唐肃宗不得不再度任用郭子仪。郭子仪复出后，在唐朝内部，再也没有人能够与其抗衡了。所以当他一复出，很多势力尽归其麾下。郭子仪马上休整队伍，不仅打败了叛军，还迫使其他作乱势力主动投降。

唐肃宗病重去世之后，郭子仪又支持他的儿子李豫成为皇帝，也就是唐代宗。唐代宗上位之后，更加重用郭子仪。郭子仪也带领军队打败最后的残军，帮助唐代宗收复了长安。

就在郭子仪逐渐使得唐朝的东部逐渐稳定下来之后，唐朝西部的吐蕃和回鹘又开始发生叛乱。随之，唐朝旧将仆固怀恩因对赏赐不满，便联合吐蕃、回鹘、党项和吐谷浑等势力，一同反叛唐朝，其总兵力达到三十万，进逼长安。在此危急时刻，郭子仪再次挺身而出。但他当时仅能凑齐数万人军队，显然很难守住长安城。

郭子仪得知仆固怀恩去世的消息后，只身素衣前往回鹘大营，劝说回鹘军队重归唐朝。回鹘主帅看到郭子仪只身前来，马上拜倒在郭子仪身前……

在危机之际，郭子仪再次化解了危机，他的影响力也走向了巅峰，被称有"再造大唐之功"。

唐德宗继位，皇帝已经无法再对郭子仪进行加封，只能加封他"尚书令"。在唐朝初年，唐太宗李世民曾经担任过"尚书令"，后来唐太宗成为皇帝之后，"尚书令"就一直被空着。如果郭子仪接受了这个官职，他就有可能背负上觊觎皇权嫌疑之罪。殊不知，郭子仪借势而退，并没有接受"尚书令"，但德宗赐其号"尚父"。

郭子仪不仅自己低调，而且对儿子也严加管理。郭子仪的第六个儿子郭暧做了驸马，有一次郭暧与公主产生矛盾，郭子仪绑着儿子向公主和皇帝道歉。这就是戏剧《打金枝》原型。如此大唐中兴名将，虽然其一生功勋卓著，但他一生做人低调，头脑清醒，从未有丝毫僭越之举。因此，郭子仪才成为大唐王朝，甚至是整个中国封建王朝忠臣功勋中少有的善终圆满之人。

古代和谐的君臣之道，其实就是彼此的利益平衡之道。一位能臣与忠臣要想真的能善始善终，就必须懂得"是非不必争人我，彼此何须论短长"的变通圆融之道。

变通的智慧

朋友相处与职场生存，要想求得关系相对和谐，那么一方必须有难得的大肚量，要学会舍，把利让给对方，更不要让对方觉得你对他有威胁。很多时候，当我们在对方眼里失去了提防的意义，那时我们才真正安全了，也是我们化不利为有利之时，或者是伺机而动翻身或成功之时。

该进时必须进，该撤时也应毫不犹豫撤退

当机会来临，或是面对需要克服的困难与挑战时，我们应当勇于担当，积极向前。这不仅是个人成长与实现价值的必经之路，也是对社会、对团队贡献力量的重要体现。只有敢于进取，才能不断突破自我，开创更加广阔的天地。但在发现目标不可达成、环境不再有利或继续前行可能带来更大损失时，果断撤退，保存实力，是明智之举。这不仅是对自己负责，也是对团队和未来的尊重。该撤时不撤，往往错失良机，甚至让自己陷入更危险的境地。

《水浒传》中的刀光剑影，仗义豪情，气吞万里之场面描写，似乎让我们忽略了其中的"男儿有泪不轻弹，只是未到伤心处"。在《水浒传》中英雄相见或为生计而不得不各奔东西时，几乎都有令人感动的"情到深处泪潸然"，也有最后梁山英雄南下平方腊前后，慷慨悲歌中的梁山英雄泪沾襟。

《水浒传》中三十六天罡与七十二地煞对恩怨情仇、功名利禄及人生观与价值观的不同理解，也被展现得淋漓尽致。有的能借势而起，但不能在成就面前审时度势，顺势而退；有的既能借势而行又能在人情世故与君臣平衡间，借

势找寻到属于他们善终的平衡支点与安全着落地。

武松在柴进府中初遇宋江，辞别之际，宋江送出十里，"武松堕泪，拜辞了自去"。武松与宋江第二次见面，是在孔亮府上。这一次离别，流下眼泪的是宋江："武行者四拜，宋江洒泪，不忍分别"。武松被张都监陷害，要被押往恩州受刑。施恩前往送行，安排好各项事务之后，便"拜辞武松，哭着去了"。

梁山人马出征方腊前，公孙胜辞别众兄弟时，宋江一听，当即潸然泪下，再三挽留不住，便设筵宴送别。酒筵之间，"众皆叹息，人人洒泪"。此次梁山英雄泪沾襟，也预示着梁山慷慨悲歌之命运——绝大多数兄弟间不仅是离散，更将是诀别。

公孙胜能看透形势，借机远离危险。后来，朱武和樊瑞在征方腊得胜回朝后，没有被荣华富贵迷花双眼，因而也能放弃朝廷封赏，去找公孙胜一起修道，因此得以善终。

在征方腊一战中，武松被暗算左臂受伤严重，武松当机立断自砍左臂，可见武松舍之决绝。更为决绝的是，武松在平灭方腊、宋江率军凯旋中，毅然决然地选择不再与宋江同回朝廷，而是留在杭州六和寺参禅修行。

混江龙李俊，也深谙审时度势。李俊虽然也不赞成被招安，但是他也同武松等许多梁山兄弟一样，为了江湖义气，没有在不应该离开时拆宋江的台。但是，在平灭方腊班师中，他谎称中风，留在苏州养病，顺势又留下自己的好兄弟出洞蛟童威和翻江蜃童猛。后来，兄弟几人造船出海，远离了后来的是非纷争。据说，他们在海外再次建功立业，李俊后来建立了属于自己的新王朝，成为一国之主。

类似的梁山兄弟还有，扑天雕李应、小旋风柴进和铁扇子宋清。他们懂得借势而起，适时而退。宋清虽是宋江的弟弟，但他与宋江性格不同，自然也是得偿所愿，获得了一个好的结局。柴进原本为后周皇帝之后，持有当朝开国皇帝所赐的"丹书铁券"，富甲一方，逍遥自在。因此，在平灭方腊后，他称患风疾病而归隐老家，无疾而终。李应虽没柴进尊贵身份，但是他也是一方员外郎。因而在平灭方腊后，他带着管家杜兴一道辞官回家，安度晚年。

还有，锦豹子杨林、铁面孔目裴宣、小遮拦穆春和一枝花蔡庆。他们能认清形势，虽有战功却并不贪恋权势，因此也得以善终。

而那位排在梁山三十六天罡星之首位的宋江，最后因为其贪图功名利禄不仅被高俅一流再次药酒毒杀，而且他还拉上他花了三十两银子买下的最憨厚也是最忠心于他的好兄弟，那位"活铁牛"李逵。

要说梁山三十六天罡星中，最令人无语且情感复杂的就是那位"智多星"吴用。他如此智慧多谋，也真的是借势而起的高手与智者。他能借势造势，怂恿且策划七星智取生辰纲，后又顺势上梁山。随之，他又借势怂恿林冲，火并梁山主王伦，而后他成为梁山主晁盖的军师。后来，他又能在宋江与卢俊义中间，利用借势而起之道，帮助宋江成功登上梁山主位。随后，他为了宋江的招安大业，似乎完全失去了自我。吴用得知宋江被害死后，与神射手小李广花荣一同自缢于楚州南门外蓼儿洼宋江墓前，尸身葬于宋江墓左侧。

《水浒传》中的众多人物，说被逼上梁山也好，主动上梁山也罢，这是必须进的。但当局势发生了大变动后，不利于以后的生存，如果还不知道撤的话，就会发生悲剧。

变通的智慧

在人生的各个阶段和面对各种情境时，我们应具备灵活应变与明智决策的能力，尤其要懂得进退之道。这不仅关乎个人的成长与成功，更关乎如何和谐地融入社会，与他人建立良好的关系。不懂得进退之道，就会让自己陷入被动。只有懂得何时该进、何时该退，才能在复杂多变的环境中游刃有余，实现自我价值的同时，也为他人和社会带来利益。

请将不如激将，激将不如逼将

在请求他人做事时，如果采用直接请求的方式效果不佳，可以尝试使用激将法，即通过言语或其他方式刺激对方的自尊心或竞争心理，从而促使他们更积极地采取行动。虽然激将法可以激发对方的积极性，但在某些情况下，仅仅激发积极性还不够。此时，通过制造一定的压力或紧迫感，让对方感受到如果不采取行动就会产生不利后果，这样才能更有效地促使对方迅速行动。这种方法在处理紧急事务或需要快速决策的情况下尤为有效。

"百无一用是书生"虽然出自诗人笔下，不无几分戏谑与讽刺意味，但事实上，百无一用的是那些死板教条、只知读死书、缺乏变通能力的书生。因为在南宋高宗末年，就有一介书生宰相虞允文，不仅证明了书生是有用的，而且证明书生领兵还可大胜金军。

纵观两宋历史，无论是对辽、对金甚至是对小小的西夏的战争都鲜有胜绩。为此，后人便有"北宋无将，南宋无相"之慨叹。然而事实并非如此。自宋太祖时灭后蜀、南唐的大将曹彬起，再到仁宗时夜夺昆仑关的狄青，直至哲宗、徽宗时威震边关的种师中、种师道，更不用说太祖、太宗时满门忠烈的杨家将了，北宋名将频出。

南宋虽自奸相秦桧起，诸如史浩、汤思退、韩侂胄、贾似道之流皆为误国佞臣，但亦有李纲、赵鼎、陆秀夫、文天祥等贤相。尤其是高宗末年到孝宗时代的宰相虞允文。

虞允文，先祖乃唐初名臣、书法家虞世南。直到秦桧死后，当时的中书舍人赵逵向高宗推荐虞允文。虞允文受到高宗称赞，自此虞允文在朝为官。随后，又因其表现优秀而以秘书丞升任礼部郎官。

绍兴三十一年（1161年）八月，金主完颜亮亲统大军六十万（号称百万）南侵。当金军主力渡淮河逼近长江之际，两淮宋军全线溃败。十一月，金国大军如入无人之境，直逼长江采石矶（今安徽省马鞍山市），踌躇满志的完颜亮马上即兴赋诗："万里车书尽混同，江南岂有别疆封。提兵百万西湖上，立马吴山第一峰！"

高宗赵构闻讯边准备逃向海外，边下令撤销淮西主帅王权职务。随之，高宗任命大将李显忠为前线总指挥。同时，又令虞允文以中书舍人的职务前往采石矶犒劳将士并观察敌情。

虞允文抵达军前时，只见宋军中弥漫着失败的阴影，如此危急时，虞允文干脆亲自督师。为了激起将士们的斗志，虞允文站在高处向大家慷慨陈词："将士们，后面就是家乡的父老兄弟姐妹，他们都在看着我们呢！倘若金军就此过江，不但我们无处可逃，而且我们的家人都会沦为金人奴隶！现如今我军扼守长江，如果能凭借长江天险与不擅水战的金军殊死一搏，胜利一定是属于我们的！养兵千日，此时正是我们为国效力之时。我等当在此与贼血战到底！"

大家的斗志就这样被虞允文激励起来，虞允文就带着这支不到两万人的军队与金兵十五万人决战于采石矶。

虞允文亦披甲执剑冲锋在前，宋军见长官如此舍生忘死，他们自然更以一当十，勇斗金兵。无奈金军人数太多，双方虽然激战多时，金军依然占据上风。

千钧一发，宋军勇将魏胜率部前来支援。虞允文素知其勇，所以他命魏胜所部换了旗甲，然后令他率人绕到敌军之后待机而发。

面对虞允文的顽强抵抗，完颜亮大怒，下令金军全部出动，直扑虞允文。任凭金军怎样进攻，虞允文所部就是血战不退。激战多时，双方将士死伤无数。

因为金军倾巢出动，所以虞允文以逸待劳，魏胜便率人突袭了金军的江北大营。

正在进攻的金军见自己的江北大营火起便再无斗志，顷刻间全军溃败，任凭完颜亮如何挥剑督战，都没人再听他的指挥。虞允文借机率部奋勇反击，金人遗尸遍野而裹挟着完颜亮败北而去。

不甘失败的完颜亮试图再次发动进攻，遗憾的是，除少数亲信外已无人再听命于他。怒发冲冠的完颜亮，随之下了死命令，倘若三日内再不发动攻击战，他就将随军将官全部处斩。殊不知，此令激起众怒，兵马都统耶律元宜便率部发动了兵变。完颜亮在兵变中虽未被剑杀死，但是他被叛将用战袍勒死了。

消息传到临安，时刻准备外逃的宋高宗喜出望外，连声高呼："没想到啊，虞允文一介书生竟然立了如此不世之功！"

在采石矶之战的一年前，虞允文与完颜亮有过一面之缘。那是绍兴三十年（1160年），南宋官员虞允文出使金国。金朝君臣以虞允文不过一介书生，手无缚鸡之力，在接待时意欲以比射箭当众羞辱他。没想到，虞允文竟张弓搭箭，射中靶心，瞬间惊呆了金人。

或许也应该是注定的吧，当时不可一世的完颜亮统率大军南下之时，怎能想到，一年后的金宋对决，就是曾经这位让他瞧不起的南宋文臣虞允文，竟成了他的克星。

在战略上藐视敌人，在战术上重视敌人。这只说对了丞相虞允文临危受命率当地官兵大胜金军的一方面原因，而更重要的原因则是他虽为书生丞相，没有真正的战场拼杀能力，但是他懂得兵法"置之死地而后生"与"哀兵必胜"的变通之法。他在敌强我弱、战局不利己方时，能够以其大无畏的家国情怀来感染与激励将士，从而最大程度地激发出将士的战斗力——加倍地誓死拼杀，这点才是取胜的关键所在。

变通的智慧

"请将不如激将，激将不如逼将"这句话，蕴含了深厚的策略与智慧，常用于军事、管理、教育及人际交往等多个领域。其核心在于，通过不同层次的激励手段（尤其是语言激励），促使个体或团队发挥出超越常态的潜能与行动力。同时，也应注意平衡与适度，避免过犹不及，确保激励措施既能激发动力，又能维护团队的和谐与稳定。

不怕没好事，就怕没好人

俗话说"不怕没好事，就怕没好人。"当我们在面对生活和工作中的种种挑战和机遇时，虽然外部环境中的好事或坏事难以完全由我们掌控，但我们可以筛选周围那些值得信赖、正直善良的人。那些正直善良的好人，能在我们迷茫时指引方向，在困境中伸出援手，用他们的正能量影响并温暖我们。相反，若身边缺乏这样的好人，即使外在条件再优越，也可能因人际关系的紧张或冷漠而感到孤独与无助。尤其是一个人遇到坏人时，不但会让他陷入被动局面，往往还会被其所害。

明正统十四年（1449年），瓦剌部落的首领绰罗斯·也先率领大军，气势汹汹地侵犯大明王朝的边境。此时，权倾一时的宦官王振（与后来明朝历史上的汪直、刘瑾、魏忠贤并列为"四大权宦"），在皇帝明英宗耳边煽风点火，怂恿其亲自领兵出征。兵部尚书邝埜等跟随英宗，一同踏上了征途。

然而，这场出征却因王振的独断专行和滥用职权而陷入了危局。他凭借皇帝的宠信，肆意指挥大军，行动反复无常，导致军队迂回曲折，错失了最佳战机。在土木堡一役中，明军落入敌人布置的埋伏圈之中，形势急转直下。更糟糕的是，明军的水源被切断，粮草供应也出现了问题，士气低落到了极点。

在这场惨烈的战役中，邝埜等六十多位朝廷重臣英勇牺牲；士兵们的尸体遍布四野，血流成河，死伤几十万人；英宗皇帝也被敌人俘虏。这一消息如同晴天霹雳，震惊了整个朝廷。愤怒的将士们将一切罪责归咎于王振，最终将他处死，泄心头之恨。这就是历史上著名的"土木之变"——一场由宦官干政引发的国家灾难。

当时，京师空虚，朝野一片恐慌。国难当头，于谦临危不惧，力排众议，怒斥妥协，反对迁都，主张保卫北京，请调两京后备军、沿海备倭军、各府运粮军，急速驰援北京，紧紧守住大明国都……

于是，于谦升任兵部尚书，主持一切军队防务事宜。首先，他亲自部署北京保卫战。他亲自督师，严肃军纪，将督兵丁，兵丁督将，军民一心，誓死守卫京都九门，又列兵二十二万于九门之外，有效抗击也先军。

同时，于谦又迅速铲除王振宦官一党力量，加强朝廷内部团结。敌军将至，国不可无主，于谦遂拥立监国的郕王朱祁钰为帝，是为代宗，遥立英宗为太上皇，以稳固国本。

于谦率领大家刚部署好京都防务，也先挟持太上皇，率北元大军攻破紫荆关，直逼京都。北京城固若金汤，严阵以待，也先见无空可钻，只好邀约谈判，以赎金珠宝，交换太上皇。殊不知，他得了赎金，既不放人，又继续攻城。这时，于谦以"社稷为重，君为轻"为由，谨守城防，死不开关；并且，他又亲率精锐，奇袭敌军，三战三捷，毙敌万余，也先的弟弟绰罗斯·伯颜也被打死。

面对于谦的战守措施，也先处于谈也不成、打又失利的尴尬境地。他知道什么目的也达不到了，又听说大明勤王部队正在进京路上，只好又挟持着太上皇，匆匆西撤。于谦则率部追击，一直将其撵到居庸关外。北京保卫战宣告胜利。

在这场北京保卫战中，于谦英勇无畏，运筹帷幄，举国上下，众志成城，粉碎了也先企图以太上皇为人质灭亡大明的阴谋，稳定了北京局势。北京保卫战挽救了大明王朝。

一年之后，也先见明朝安然无恙，要把太上皇送回，可是，代宗不高兴。于谦说："帝位已定，不再更改；赶快接回他，只是情理上的事……"代宗马上说："听你的，听你的！"

英宗回来后，代宗马上以安全为由，将其囚禁在南宫，那是他们皇家的事，于谦身为臣子肯定就无能为力了。

明景泰八年（1457年），代宗皇帝病入膏肓，其唯一的子嗣亦早夭，皇位继承的悬念再度浮现，似乎预示着太上皇英宗即将重掌大权。然而，就在这关键

审时度势 变通的智慧

时刻,石亨与徐有贞二人,心怀不轨,急不可耐地采取了行动。他们擅自闯入南宫,强行迎接出被幽禁的太上皇英宗,并策动了一场政变,成功助其复位称帝。

与此同时,代宗的帝位被废黜,他重新被降封为郕王,失去了往日的尊贵与权力。这场突如其来的变故,让朝野上下震惊不已。仅仅十多天后,被废黜的代宗朱祁钰便黯然离世,为这段历史增添了几分悲凉色彩。

这一事件,史称"夺门之变",也称"南宫复辟",它不仅标志着大明王朝皇权更迭的又一次动荡,也深刻反映了当时政治斗争的残酷与复杂。

石亨、徐有贞"功成名就"后,诬告于谦谋立外藩之子,罪当斩首。英宗知道,保卫大明,于谦功莫大焉,杀之于心不忍。石亨又把谋立代宗之事,添油加醋,以挑拨离间。徐有贞还冷冷地说:"不杀于谦,复辟之事,就师出无名了。"英宗沉默良久,才决定处死于谦。

于谦被杀时，万民哽咽，阴霾沉沉，人神俱泣，天地同悲。面对屠刀，他手捋银须，气宇轩昂，吟诗一首（就是他那首著名的《石灰吟》），以表心志："千锤万凿出深山，烈火焚烧若等闲。粉骨碎身浑不怕，要留清白在人间。"百姓听闻都不禁伏地痛哭，连刽子手也眼中含泪，久久不忍落刀。

一代忠烈，于谦临危受命，借势而为，力挽大明江山于大厦将倾。也可以说，于谦为大明江山、为百姓福祉，忠心耿耿，鞠躬尽瘁。然而遗憾的是，他的贡献、能力和威望，似乎成了他必死的导火索。可以说，他是皇权争斗及政治角逐中的牺牲品。

这种历史事件的是与非、对与错，确实无法形成绝对统一的定论。因为对于政客们的成与败，不是生与死的简单盖棺论定式的二元逻辑，所以其中的人物与事件给我们的现实意义不在其事件与人物本身，而更是其中不同人物与相关事件中的利益平衡的技巧与变通智慧。

于谦无疑是一位正气凛然的大英雄，但这位大英雄却低估了某些人的人性之恶。石亨、徐有贞无疑是小人，英宗则是大恶人，于谦并没有对他们进行防范，也没有进行争斗，这或许就是于谦悲惨结局的原因。于谦的结局虽然悲惨，但其英气长存！

变通的智慧

"害人之心不可有，防人之心不可无"这句话，是古人智慧的结晶，也是我们在为人处世中应秉持的原则。我们内心应保持善良与正直，不应有伤害他人的念头或行为，这是做人的基本道德底线。但在复杂多变的社会环境中，也要保持一定的警惕性，以防被他人欺骗或伤害。在保持善良的同时，我们也要学会保护自己，做到既不主动去伤害别人，也不轻易被他人所伤，这是一种积极的生活态度，也是一种处事智慧。

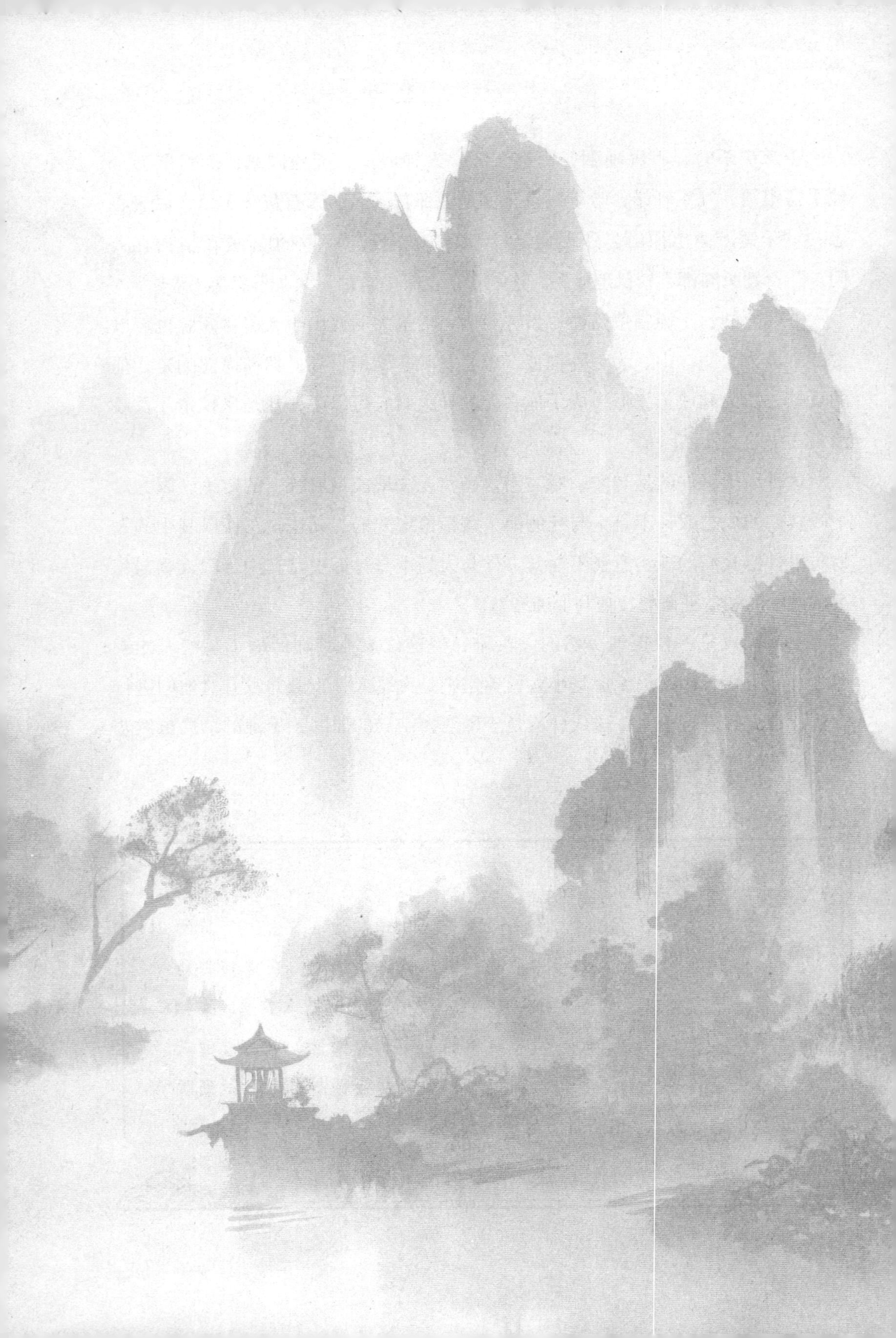

第七章

造势而兴 创造机会转乾坤

《孙子兵法》说:"善战人之势,如转圆石于千仞之山者,势也。"善战者能够巧妙地创造和利用有利的态势,使敌人难以抵挡,就像从高山上滚落的圆石一样,具有巨大的冲击力和不可逆转的态势。有些势本是不存在的,但可以制造。"智者造势而谋",聪明的人通过一系列行动和策略,来构建有利于自己的局势,从而轻易地达到自己的目的。

审时度势 变通的智慧

一个人的地位越高，就越容易跌落

在追求成功的过程中，要保持清醒的头脑和谦逊的态度，要时刻警惕潜在的风险和挑战，不断提升自己的能力和素质，以应对可能出现的危机。一个人的地位越高，权力越大，越容易迷失自我，越容易忽视危险，从而陷入不可逆的绝境。吕不韦的发迹和结局，值得我们深思。

吕不韦刚开始的时候是一位商人，他低价买进，高价卖出倒卖货物，以此积累了家产千万。

后来吕不韦到邯郸做生意的时候碰到了秦国异人。异人在赵国做质子，他是秦昭王庶出的孙子——孝文王的儿子，因为不得宠才被送往赵国。吕不韦见到异人后认为他就像是一件奇货，可以囤积起来，等到高价的时候卖出去（"奇货可居"出自此故事）。

于是，在邯郸，吕不韦将自己的爱妾赵姬送给嬴异人。之后，吕不韦又通过重金疏通关系等手段，帮助嬴异人重新回到了秦国。

在秦国，吕不韦又经历一番游说，让膝下无子的秦太子安国君的华阳夫人收嬴异人为嫡子，并更名子楚。在吕不韦的辅佐之下，嬴子楚登上秦国主君之位，即秦庄襄王。

秦庄襄王三年（前247年），在位仅三年的秦庄襄王去世，太子嬴政继承秦国王位，尊奉吕不韦为相邦，并称其为"仲父"。此时的吕不韦总揽朝政，权倾朝野，当初的投资收到了丰厚的回报。

秦庄襄王去世后，三十岁左右的王后赵姬和经常出入宫闱的吕不韦旧情复燃。

然而，吕不韦自然知道如此行为，将给他带来巨大危险。为此，吕不韦在其门客中挑选嫪毐送给王后赵姬。虽然这也是吕不韦"奇货可居"投资战略中的一步，但是令其始料不及的是，赵姬不但把整个太原郡赏赐给了嫪毐，还让嫪毐染指朝政。《史记》记载："事无大小，皆决于毐"。

随之，秦国朝廷形成吕不韦集团与嫪毐集团两股政治势力。

吕不韦是秦国政坛上著名的主战派。秦王政五年（前242年），秦将蒙骜率军攻打魏国，此时的韩国已经被秦国所灭，其领土尽归秦国。蒙骜一举攻占了魏国酸枣（今河南延津）、桃人（今河南长垣）、雍丘（今河南杞县）等二十余城，致使魏国元气大伤，再也没有一战之力，于是龟缩中原，等待灭亡。

与此同时，吕不韦还施展其纵横捭阖的方略，兵不血刃地迫使山东诸国割让土地给秦国。他还派其门客甘罗游说赵王，得到了赵国五城。

与此同时，嫪毐疯狂地攫取资财，进而扩大其政治势力。

秦王政九年（前238年），二十二岁的秦王嬴政前往雍城举行加冠礼。嫪毐趁咸阳城空虚之际，发动叛乱。但这场叛乱最终被平叛，随即，嫪毐被诛三族，其党羽均被五马分尸。嫪毐和太后赵姬所生的两个幼子，也被装进麻袋活活摔死。太后赵姬虽然得以免死，但也被逐出咸阳，迁往雍城。

秦王嬴政随之加快了对吕不韦的打击步伐。

吕不韦手中的权力，不仅仅是来自秦国相邦本身，还来自他和太后赵姬之间的特殊关系，因此吕不韦手中的权力远大于一般丞相的权力。

然而吕不韦犯了一个致命错误，那就是不自觉地僭越了君权。在秦王嬴政继位之后，吕不韦不知道如何定位自己。换句话说，吕不韦只懂得如何获得权力，却不懂得如何放弃权力。

虽然吕不韦被秦王嬴政尊为"仲父"，但他毕竟还是秦国的臣子。既然臣子僭越王权，那么其结果只有被除掉。即便他们之间存在血缘关系，可从皇权角度考虑，秦王嬴政也势必会除掉吕不韦这个政治对手。何况是血脉之间互相杀戮的事件，在春秋战国时期屡见不鲜。

秦王政十年（前237年），嬴政下令免去吕不韦相国之职，并让他离开咸阳，回到封地洛阳。嬴政原本打算杀掉吕不韦，但因其辅佐先王嬴异人有功，

审时度势 变通的智慧

再加上诸多宾客为其求情,所以最终还是手下留情,只是罢免其官职,逐出咸阳。

回到封地洛阳后,当时山东诸国的使者纷纷到家邀请吕不韦到他们国家任职。或许,吕不韦没有意识到什么,但如此举动最终变成吕不韦的催命符。

吕不韦在封地的作为,引起了秦王嬴政的担忧,如果吕不韦去山东诸国为相,为其他国家服务,势必对秦国非常不利。同时,嬴政还担心,吕不韦凭借其才能和声望,内外勾结,发动叛乱,那国将不国了。

深思熟虑后,秦王嬴政再次下令,将吕不韦及其家属迁往蜀地,企图切断吕不韦与山东诸国及故吏、宾客之间的联系。

为了彰显自己的权威,秦王嬴政亲自给吕不韦写了那封意味深长的信:"君何功于秦?秦封君河南,食十万户。君何亲于秦?号称仲父。其与家属徙处蜀!"

吕不韦是看着嬴政长大的,对于嬴政的为人,他内心非常清楚。虽然这封信中表示将他流放蜀地,但与其日后也会被秦王赐死,还不如自己就此做个了断,最起码可以保全颜面。

面对这样无解的死局,一生精于投资、鲜有败绩的吕不韦,最终选择了饮鸩自尽。

变通的智慧

一个人名望越高,就越容易招人诋毁;一个人地位越高,就越容易跌落。高处不胜寒是一种意境,也是一种无奈。当通过奋斗获得成功时,不要骄傲,更不要张扬,以免引发别人的羡慕、嫉妒、恨。这时应该做的是要保持谦卑,谨慎行事,不要让自己误入别人的算计中。当然,最明智的做法就是功成身退。

制造假象与声势，造势而兴转局势

在特定情境下，通过巧妙地构建表面现象、营造强大氛围或舆论，可以影响、改变甚至逆转不利的局面。在商业、军事等领域中，这种策略尤为常见。这要求决策者或行动者具备高超的洞察力和创造力，能够准确把握时机，利用信息不对称或人心所向，创造出对自己有利的外部条件。通过制造假象迷惑对手，同时积聚并展示强大的声势，以气势压倒对方，最终在不显山露水间，实现局势的逆转与胜利。

公元前209年，秦朝廷征发闾左贫民屯戍渔阳，陈胜、吴广等九百余名戍卒被征，前往渔阳戍边。途中，在蕲县大泽乡（今安徽宿州东南）遭遇大雨，道路被毁，无法按期到达目的地。按照秦朝法律，延误日期即违反军令，将被斩首。这一绝境成为起义的直接导火索。

那一日，大泽乡还笼罩在朦胧的晨雾中，陈胜、吴广终于以他们的理解及方式，发出了震动寰宇的呐喊："王侯将相，宁有种乎？"

陈胜和吴广为了发动起义，采取了一系列造势而兴的宣传策略及舆论造势，而"鱼腹藏书"便是其中典型的策略之一。他俩事先在帛书上写好"大楚兴，陈胜王"几个大字，然后再将帛书塞入鱼腹。之后再假装意外钓上鱼，给将士一种天命所归的假象。不得不说，陈胜、吴广相当有头脑。

之后，刘邦也制造"斩白蛇起义"之假象。类似的造势而兴之法，几乎在每次改朝换代的革命战争或起义口号中都被演绎得淋漓尽致。

通过这种方式，陈胜、吴广不仅成功地鼓动了人心，还树立了威信，使得九百多名戍卒相信"大楚兴，陈胜王"的预言，从而迅速得到了戍卒们的响应和支持。这一策略的目的是营造一种天命所归的氛围，增加起义的合法性和民众的支持度。通过这些手段，陈胜和吴广展示了他们的斗争才智，为起义的成功奠定了基础。

陈胜由此迅速聚集了一支上千人的起义队伍。陈胜身先士卒，亲自率军打头阵。吴广则负责殿后，严防死守。两个人配合得天衣无缝。很快，起义军就攻下了泗水郡蕲县。

占领县城的消息迅速传开，附近村镇的百姓也纷纷前来投奔起义军。起义一时声势浩大，气势如虹。随后，起义军又接连攻占铚、酂、苦、柘、谯诸县，至陈县（今河南淮阳）时已有车六七百乘、骑兵千余人、士兵数万人。起义军攻占陈县城后，并建立了张楚政权，陈胜自称"张楚天王"，吴广为"假王"（即代理楚王）。

然而，就在陈胜称王后的不长时间，陈胜变得唯我独尊，甚至是刚愎自用。同时，陈胜设立了多项苛刻规矩，要人们对他毕恭毕敬，甚至必须对他俯首帖耳。他还派心腹监视百姓的一言一行，稍有对其不满言论，就要受到严苛处罚。

起初追随陈胜起义的士卒们，看到他变得如此暴躁专制，许多人不禁心生疑虑。就连陈胜最初的心腹们，也开始在背后窃窃私语："大王最近脾气愈发古怪了，小事都要动怒。""是啊，他好像忘了我们起义的初衷，如今他只知道沉浸在权力带给他的享乐中。""我看大王是被权力冲昏了头脑，已经不再是从前的陈胜了。"

陈胜为王后，吴广仍然一如既往。他从不在陈胜面前恭维阿谀，也不会对陈胜过分卑躬屈膝。更让陈胜无法忍受的是，吴广时常在背地里劝陈胜要保持谦逊，不要被权力冲昏头脑。

这让陈胜深感失望和憋屈。他以为自己取得权力后，吴广会像其他人一样对他毕恭毕敬。殊不知，吴广与从前别无二致，甚至有些不把自己放在眼里。

"我已经是楚王了，可吴广还是将我视为从前他的哥哥一般。"于是，就在起义军刚占领两个县的胜利庆功宴上，陈胜趁吴广不备，派心腹将其杀害。稍微沉默后，陈胜冷冷地宣布："吴广勾结朝廷，图谋不轨，吾不得已而除之。从今日起,你们只需服从我一人!"

　　起义军中的将士们无不震惊,他们没有想到陈胜竟会这样残忍地杀害自己的兄弟兼战友。起义军也因陈胜的昏庸日渐瓦解。最终,秦朝派大军围剿,陈胜溃不成军,只能仓皇出逃。不久,他就被部下所杀。

　　陈胜、吴广领导的农民起义虽然失败了,但这次起义是中国封建社会历史上第一次全国性的农民起义,它充分反映了人民反抗残暴的勇气和力量。

　　大泽乡起义的更大意义则在于,它点燃了伐诛暴秦和农民起义的火种。

　　秦二世二年(前208年)六月,原本还在山野放羊的楚怀王之后熊心,被项梁、项羽叔侄迎入大营,拥立为楚怀王。楚王复辟的消息立即在楚地引发了强烈反响。随后,以刘邦、陈余、张耳、魏豹、英布、臧荼、彭越、田荣兄弟等为首的反对暴秦的起义风起云涌。

变通的智慧

　　在经商创业或生活工作中,我们都会遇到逆境或挫折,面对如此境遇,我们不能等待或期望命运赐福,瞬间改变我们的命运。我们只有创造条件,积极寻找机会与力量,审时度势,适时变通,才会将逆势变成顺势。没有条件创造条件,没有声势创造声势。很多时候,制造假象,无中生有,学会造势,才是兴旺之道。

造势一环接一环,环环相扣成必然

　　任何成功的造势活动,都不是孤立存在的,而是由一系列精心设计的环节紧密相连,形成一个有机整体。这些环节之间既有明确的先后顺序,又相互支撑、相互促进，共同推动整体目标的实现。通过环环相扣的设计，可以确保每一步都朝着既定的方向前进。当各个造势环节形成叠加效应时，大势则成。

让我们以战国时期的两位君主——魏文侯与燕昭王为例，探究他们是如何巧妙地营造声势，以实现各自的目标。

魏文侯与燕昭王，两位皆是对贤才充满渴望的君主。然而，在他们初登宝座之时，世人尚未知晓他们的求贤之心。那么，他们究竟是如何向世人展示这份对贤才的渴求呢？

魏文侯选择以招募当时的杰出人才卜子夏、田子方、段干木为突破口。他真心实意地与这些贤士交往，甚至拜他们为师。尤其是对待段干木，魏文侯的举动更是令人动容。段干木起初并不愿意为魏文侯效力，甚至不愿与他相见。但魏文侯并未因此气馁，他每次经过段干木的家门，都会恭敬地扶轼俯身行礼，以示尊重。这样的举动，让魏文侯礼贤下士、求贤若渴的名声迅速传遍了天下，吸引了众多贤士前来投奔。

燕昭王同样在宣传自己的求贤之心上花费了不少心思。他受到"千金买马骨"故事的启发，选择了才能并不出众的郭隗作为宣传的起点。他派人为郭隗建造了一座豪华的别墅，并拜郭隗为师。这样的举动，让天下的有才之士都看到了燕昭王对贤才的尊重。于是，他们纷纷来到燕国，其中不乏乐毅、剧辛等杰出人物。

接下来，我们再来看两个历史小故事。

商鞅在秦国推行变法之前，为了赢得民众的信任，他在集市南门外竖起了一根木头，并宣布：谁能将这根木头搬到集市北门，就能获得十金的奖励。然而，百姓们对此感到疑惑，没有人敢去搬动。于是，商鞅又提高了奖励金额，宣布谁能搬动这根木头就能获得五十金的奖励。最终，有一个人鼓起勇气将木头搬到了集市北门，商鞅也立即兑现了他的承诺。这就是历史上著名的"徙木为信"的故事。其实，这本质上也是商鞅为了变法而精心策划的一场造势活动。

吕不韦在秦国担任相国时，组织门客编撰了《吕氏春秋》。然而，好酒也怕巷子深，当《吕氏春秋》编撰完成后，如何宣传这部书，让天下人都知晓它的存在，就成了当务之急。

于是，吕不韦策划了一场别出心裁的宣传活动。他命人将《吕氏春秋》的全文抄写出来，贴在咸阳的城门上，并宣布："谁能为本书增加一字、减少一字或改动一处，都将获得千金的奖励。"虽然人们因为畏惧吕不韦的权势而无人敢去改动一字，但凭借这次"一字千金"的宣传活动，《吕氏春秋》终于名扬四海。

此外，在中国悠久的历史长河中，很多帝王将相通过精妙的造势策略，成就了一番番伟业。其中，朱元璋的登基之路，便是一段造势环环相扣、步步为营的经典案例。

朱元璋，一个从草根崛起的皇帝，他的造势之路堪称一绝。起初，他凭借英勇善战，在乱世中崭露头角。但真正的转折点，在于他巧妙地利用大众的迷信心理为自己造势。

据传，朱元璋出生时，红光满室，邻里皆惊，以为火灾。这一神秘的现象，为他日后的崛起埋下了伏笔。随着势力的壮大，他更进一步，将自己塑造为天命所归的真龙天子，借以笼络人心，巩固统治。

然而，造势并非一蹴而就。朱元璋深知，要稳固江山，还需环环相扣，步步为营。他一方面通过严酷的刑罚和铁腕手段镇压异己，另一方面则大力推行仁政，笼络民心。他深知，只有让百姓心悦诚服，才能真正稳固自己的统治地位。

在登基大典上，朱元璋更是将造势发挥到了极致。他身着龙袍，头戴皇冠，在万众瞩目下登上皇位，宣告自己天命所归，正式开启了大明王朝的辉煌篇章。

朱元璋通过自己的智慧和勇气，成功地利用民间传说和仁政手段为自己造势，最终成就了一番霸业。

变通的智慧

造势一环接一环，环环叠加成必然。在策划和执行造势活动时，我们必须高度重视造势的连贯性和累积效应。要精心设计每一个环节，确保它们之间紧密相连、相互促进；同时，还要注重长期规划和持续投入，不断巩固和扩大成果，最终实现整体目标的顺利达成。当然，我们可以造势，但不可以采用迷信的方法造势。

发动别人造势，自己则顺势而为

那些成功者，尤其是成大事者，一定具有"借风求雨"之能。他们能够寻找机会与创造条件，为其达到目的造势。同时，他们也能借风之力，乘风破浪，扬帆远航；更能借雨之势，汇水成河，流向远方。

唐太宗晚年，唐朝的后宫流传着这么一个传说，那就是"唐三代后，女主武王"。虽然李世民不太相信这些，但是他从大唐江山社稷考虑，也必须宁可信其有。这时候，李世民做梦也不会把此事与他那位武媚娘联系起来。

然而，李世民定要铲除与"武"最有关联的人。随之，一个人的名字浮现在李世民的眼前：李君羡。

李君羡的岗位在玄武门，他的职位是左武卫将军，他的爵位是武连郡公，他本人又是洺州武安（今河北武安市）人。玄武门守将、左武卫将军、武连郡公、武安人，已经四个"武"字了。在李世民内心已埋下了必除李君羡的念头。

话说有一次李世民宴请众将。李世民就提议，每个人都说说自己的小名。李君羡说他的小名叫五娘子……所有人都笑了，李世民也笑了，五娘子，女主武王，似乎一下子全部联系在一起了。于是，李世民很快就找个由头杀了李君羡。

唐永徽二年（651年），唐高宗李治为李世民服丧满两年后，将武则天接进宫。永徽六年（655年），李治不顾群臣反对，强行立武则天为皇后。唐高宗显庆五年（660年）李治的风疾发作，头晕目眩，常伴其左右的武皇后便有了直接批阅奏折与一些朝廷机要文件的机会。随之，武则天愈发感觉到了权力的诱惑性……

有了权利对欲望的最大满足，有了权利对地位的稳固，有了权利对武氏家族显赫的保证，正在接近且日益操控了大唐皇权的武后，开始为她真正觊觎皇权的审时度势及造势而兴做准备。

有一天，武则天在朝堂上试探："皇帝应该上应天命，下顺人心，你们觉得以后谁该来当皇帝？"大臣们多数是眉头紧锁，低头不语。

光这样也就算了，还有大臣不停地上书，让武则天把皇帝的权力交还给皇帝。李勣的孙子李敬业更是在外地举兵，要清君侧，把她从大唐的皇位上赶下来。

武则天为此也是非常苦恼，武则天的心腹自然也看到武则天的烦恼。

因此，武则天一党就劝她："天后，没有必要这么麻烦，干脆直接称帝，让大臣们认可就行！到时有逆我者，一并斩杀！"

武则天不愧是权力争斗中的高手与老手，思忖良久，她说："我要想称帝，就一句话的事，但是一定要让人心服口服。否则，民心不稳，天下大乱，又有什么意义呢？更何况，世人的观念中都向着李唐，认为我是篡位……"

于是，在武后圣主改唐建周的最后时机，她们便开始进一步造势活动。

武则天顺圣皇后垂拱四年（688年）的某一天，武则天让武承嗣偷偷找人在石碑上刻了"圣母临人，永昌帝业"，然后扔到洛水。

接下来，武则天暗中派雍州人唐同泰（平民）把这块石碑捞出，四处宣扬"圣母临人，永昌帝业"……

大家都以为这是一件很奇怪的事，相互传播。武则天也说，这是天意，亲自率领文武百官来南郊祭天。

武则天为此事可谓大做文章，随之，把这块石头认定为"天寿圣母"，把洛水改为"永昌水"，封唐同泰为游击将军。

审时度势 变通的智慧

同时，武则天还为这个"祥瑞"举办了声势浩大、礼仪繁琐的仪式。

唐同泰这样的平民都能从"祥瑞"上收获好处，如此聪明的朝臣们自然更是心知肚明了。一时间，类似祥瑞在大唐多地出现。

似乎仅此，武则天还是不满意。唐载初元年（689年），武则天又悄悄地让高僧法明杜撰了《大云经》四卷。

在这四卷经书中，谎称武则天是弥勒佛的化身，让她来取代李唐，可以说是顺天应命。武则天更是让大唐各地官员、百姓都读一读这套书。

聪明的大臣们猜测到武则天的心思，看清了已经不可逆转的形势，纷纷采取明智的行动。一个叫傅游艺的侍御史率关中百姓九百人，到宫中上疏，请求改唐为周，赐皇帝姓武。

那表奏言辞华美，对武则天极尽恭维，说当今太后乃千古一人，任何贤

明的君主都不可与之相比。李唐运数已尽，改唐为周乃历史之必然，民心之所向，劝武则天万勿犹豫，速革唐命，上应天意，下符民愿。

傅游艺上表后，朝臣争相效仿。

随后，唐睿宗李旦也率领文武百官以及六万多名百姓请求武则天登基称帝。

这个时候，武则天看到声势造得差不多了，可以称帝了。于是在690年九月初九，武则天正式登基称帝，遂改唐载初元年为大周天授元年。

变通的智慧

很多时候，自己不便出手造势，这时可以发动别人造势。当然，这种造势要有利于自己，也要有利于帮忙的造势者。当造势成功时，自己就可以顺势而为了。自己在这种趋势中顺势前行，不仅节省了时间和精力，还能够取得更加显著的成果和收益。可以说，"发动别人造势，自己顺势而为"，是一种高明的策略，是智慧与策略的完美结合。

口号喊得响，实际行动不能忘

口号作为一种精神动员和宣传手段，能够迅速凝聚人心，激发斗志，为共同的目标和愿景提供强大的精神支撑。然而，如果仅仅停留在口号的层面，而不去付诸实践，那么再响亮的口号也只是空中楼阁，最终招致败落。

唐懿宗咸通十五年（874年），这一年对于大唐王朝而言，可谓命运多舛之年。大唐多地连日大雨不断，致使洪水所到之处，房屋倒塌，良田被毁。特别是山东一带，基本上是颗粒无收，饥荒蔓延，但是由于皇权的腐朽，各地节度使拥兵自重，消息被严重地封锁，当唐僖宗知晓时，百姓早已是流离失所，饿殍遍野。

在这种情形下，有些人借势而起。豪侠黄巢与盐贩王仙芝等人，一不做，二不休，举兵起义。短短的几个月，王仙芝、黄巢起义军就汇聚了上万兵马。为了生存与饥饿而战，因此，王仙芝、黄巢起义军军士作战异常勇武，很快就连克数十座城池，颇有战无不胜的气势。

唐乾符二年（875年），平卢节度使宋威奉唐僖宗旨意与农民起义军战于沂州城下。在这场战役中，王仙芝不敌宋威军落败而逃，但不无讽刺意味的是，宋威在打败王仙芝后并未乘胜追击，反而遣散兵马返回了他的青州老家。

而这无疑给了农民起义军一个再生的机会。王仙芝、黄巢卷土重来。此次，黄巢、王仙芝等人也深知敌我现状，所以采取了避实击虚、流动作战方式。

一时间，大唐王朝的军队是顾此失彼，而黄巢统领的农民起义军则是在流动作战中不断壮大，短时间内就达到了三十多万人。

如果说前面的农民起义军，是小打小闹，上不了台面，那么此次卷土重来的三十万的起义大军，自然让那位皇宫中的唐僖宗万分恐惧。

于是，唐僖宗决定对王仙芝、黄巢进行招安。

面对招安，王仙芝内心很快就发生了动摇。然而，当王仙芝手下的将领得知此消息后，却是群情激愤。因此，王仙芝与黄巢反目成仇，大打出手。

内部分裂后的农民起义军实力大减，没多久王仙芝战死，黄巢被重创。在不得已情况下，黄巢投降唐军被封为右卫将军。然而没多久，黄巢发现唐朝各节度使间互相不服，皇帝也无能为力，于是黄巢再次反唐。

接下来，黄巢造势而兴。

黄巢自称"天补平均大将军"，提出了"天补均平"的起义口号。黄巢起义之前，虽然也有不少起义活动，但是几乎很少有明确提出"天补均平"的。也可以说，之前的起义没有明确的政治目标，只是一种为了生存而本能反抗的行动。自然，那些义军的将士们，也都是推波助澜式的摇旗呐喊，更没有明确的起义理想。而黄巢起义的"天补均平"起义口号，则是在历史上明确提出了处于社会底层的普通老百姓在政治和经济上的呼声。

这一次，黄巢总结了前两次起兵的经验，一路势如破竹，于唐广明元年（880年）十一月，攻占唐朝东都洛阳。唐中和元年（881年），黄巢领导农民起义军攻占了长安，建立了大齐政权，年号金统。

黄巢进驻长安后，只做了三天好人便暴露本性，烧杀抢掠，无恶不作。尚让（原王仙芝手下第二号人物）更是干起了"焚书坑儒"的勾当，将几千文人押到菜市口砍头了事。一波又一波的残忍屠杀激起了长安百姓的不满，他们在城中制造各种危机事件，以此搅乱黄巢军的部署。而在长安外围，王重荣、王处存等人正渐渐将这座城市包围……

与此同时，唐镇东、太原、代州等节度使各发本道兵马并赴京师讨伐黄巢。随之，郑畋为统帅，统领西部军马，与泾原、秦州、鄜延、夏州等节度使共伐黄巢。

唐中和四年（884年）六月十五日，时年六十四岁的黄巢兵败狼虎谷，自刎身亡，历时六年的黄巢起义彻底退出了历史舞台。

黄巢起义是王仙芝起义的继续，但在推翻与反抗唐朝的坚定程度上讲，黄巢较之王仙芝确实逊色不少。然而黄巢起义历时六年，南征北伐约有两万里，尤其是最终兵入长安之时起义军人数已经达到了六十万人，这在中国历史上，已经是一次规模空前、影响巨大的农民大起义了。

黄巢起义时提出的口号是好的，是深得人心的，也确实强烈地打击了当时的官僚集团以及地主阶级。但遗憾的是，口号喊得响，却在取得了暂时的胜利后就忘了初心。这或许是黄巢失败的最大的原因。

审时度势 变通的智慧

> **变通的智慧**
>
> 在社会生活、工作学习以及个人成长的各个领域中，仅仅有响亮的口号是远远不够的，必须辅之以扎实的实际行动，一以贯之，才能真正实现目标，创造价值。同时，实际行动也是对口号的最好诠释和证明，它能够让我们在实践中不断总结经验教训，完善自我，提升能力。那些只知道喊口号却不付诸行动的人，不但会失去别人的信任，最后也会害了自己。

不按常理出牌，才能出奇制胜

在日常生活、工作以及竞争中，遵循常规和常识往往能确保稳定和安全，但也可能因此陷入平庸，难以脱颖而出。相反，敢于打破常规，采取非传统，甚至看似不合逻辑的策略，往往能创造出意想不到的成绩，达到出奇制胜的效果。

明正德十四年（1519年），密谋了十年的宁王朱宸濠终于发动了叛乱。他以李士实、刘养正为左右丞相，废除正德年号，改元顺德，纠集响应势力，号令十万大军，攻下九江、南康，扬言直取南京。随之，震动长江南北。此为宁王之乱。

明武宗朱厚照听后，决定御驾亲征。几天后大军走到了涿州，可是突然传来消息，南赣巡抚王阳明居然不等朝廷降旨，率军把宁王活捉了。朱厚照心想，你这王阳明也太不懂得体察圣意了，弄得我没法玩了。

于是，武宗皇帝隐匿捷报，继续南行。

为了讨好皇帝，竟然有人提出更荒唐的建议，请皇帝下旨让王阳明把朱宸濠释放，然后让武宗亲自去擒获……真是令人啼笑皆非。

如此荒唐至极的皇帝，加上其身边这些只知揣摩圣意、讨好皇帝的大臣们，偌大的大明王朝怎能不走向灭亡呢？

不愧是心学大师，王阳明将朱宸濠交与太监张永，声称全是别人的功劳，才能迅速平叛，而对自己的功劳只字不提。因此，王阳明才避免了一次政治危机。

那么，王阳明是如何打败宁王的呢？他不按常理出牌，出奇制胜。

当宁王叛乱时，王阳明正准备去平定其他叛乱，行至丰城（即富州）时，才得到消息。于是，王阳明即刻赶赴吉安，筹集兵力，开始征讨。为保南京，延缓宁王军的进攻步伐，他采用了疑兵之计。

首先，他在南昌到处张贴假檄文迷惑朱宸濠，声称朝廷已调集八万人马，会同湖广等地部队，共十六万人，准备攻打宁王老巢南昌。又写书信给他的丞相李士实、刘养正，让他们劝朱宸濠攻打南京，并把此消息故意泄露给朱宸濠。虽然宁王二位丞相还真劝说宁王直接攻取南京，但宁王出于疑虑，还是按兵不动。

犹豫不定的宁王，等了十多天，打探到朝廷根本没有派兵过来，才沿江东下，攻下九江、南康，直逼安庆。就在朱宸濠准备进攻南京之时，王阳明已经率领仓促组建的军队，直捣宁王老巢——南昌，使得宁王被迫回援。

当时也有人建议王阳明去救安庆，但王阳明分析如果救安庆，很可能腹背受敌；如直捣南昌，由于敌人老巢空虚，即一举拿下。待宁王回救，我们即可迎头痛击，遂可取胜。

果不其然，王阳明率军攻打南昌后，朱宸濠回救，双方在鄱阳湖决战。王阳明采用了赤壁之战的火攻之术，烧毁了宁王战船。经过三天激战，最终宁王战败被俘。

看来，王阳明不仅是心学大师，而且还深谙兵法韬略。

王阳明有此能力，得益于良好的家学，使其心思异于常人。明英宗正统年间，英宗被瓦剌部首领也先所俘。此事在王阳明幼时的心灵里产生了巨大的影响。从此，他发誓要学好兵法、报效国家。

审时度势 变通的智慧

十五岁时，他曾多次上书皇帝，献策如何平定农民起义，但都没被采纳。虽然如此，但他矢志不渝，曾游历山海关一带，考察塞外。

弘治五年（1492年），王阳明第一次参加乡试就中举。随后几次考试不中，但他依然锲而不舍。

功夫不负有心人。弘治十二年（1499年），二十八岁的王阳明，终于因考试出色而步入仕途。但由于得罪大太监刘瑾，他被贬贵州龙场。在那里他施政有方，深受民众爱戴。尤为重要的是，王阳明在龙场领悟了心学，史称"龙场悟道"。

刘瑾被除后，他升任南京刑部主事，历任南京鸿胪卿、都察院左佥都御史。正德十六年（1521年），明世宗即位，王阳明被升为南京兵部尚书，加封新建伯。不久，他受邀到稷山书院讲学，后来又在绍兴兴建阳明书院，传播他的学说。

他的思想继承了孟子的儒家思想，反对程朱理学的过于追求至理的思想，更强调人的主观能动性，讲求用心即理的思想。

嘉靖七年（1528年），平定广西叛乱后，他因病去世。临终时，当弟子问有何遗言时，他对弟子说："此心光明，亦复何言！"看来，他才是真正活得最通透的人。

变通的智慧

很多时候，我们无法用常规手段去解决一些问题。这时就要变通一下思维，用一些非常规的手段去解决问题。不按常规出牌，才能出奇制胜。在解决问题时，我们要打破固有的思维框架，才能发现新的机遇和解决方案，从而在关键时刻实现逆转，成功破局。

第八章

待势而发
屈伸得法大业成

贾岛在《剑客》中写道:"十年磨一剑,霜刃未曾试。"这里以剑为喻,形象地描绘了长期磨炼、蓄势待发的状态。很多时候,大势是需要时间积累的,时机是需要等待的。大势未成之前,时机未成之时,要以隐忍磨炼自己的意志,以行动增长自己的实力。忍中蓄势,蓄势待发,一发则势不可挡。

愿者上钩：钓的是势而不是人

在谋划未来时，我们要有长远的眼光和宏大的格局，不局限于眼前的人脉或资源，而是致力于构建和把握那些能够决定未来走向的大势。通过精准地判断形势、巧妙地利用资源、积极地引导舆论，我们就可以在无形中吸引那些志同道合的伙伴，共同推动事业的发展。

按《封神演义》中情节，姜子牙（姜太公）三十二岁到昆仑山随元始天尊学艺，原本想着混个得道成仙，修成正果。学艺期间，姜子牙为了给老师留下好印象，不仅任劳任怨，还主动承担山上最苦最累甚至是最脏的活。殊不知，老师突然对已学道四十年的姜子牙说："你生来命薄，仙道难成，只可受人间之福。"

一个七十二岁的老人潜心修道不成，下山后如何生活，还何谈享受人间富贵呢？

虽然理想很丰满，但现实确实很骨感，更多的是无奈。因为你再老，年龄再大，也得解决基本的生计问题。

没办法，姜子牙只好干起了老本行，杀猪宰牛，当起了肉贩。殊不知，就在其人生黑暗之时，姜子牙迎来其人生中的第二春，入赘到某大户人家，当起了上门女婿。

人间烟火及生活方式，对于已潜心修道四十年的姜子牙适应起来确实有些困难。开始，老婆觉得姜子牙杀猪宰牛，起码也能够正常生活。但没过多久，姜子牙近似于毫无自理生活能力的表现，令老婆忍无可忍，便把姜子牙赶出了家门，而且直接休了姜子牙。这下好了，姜子牙虽然耳边彻底清净了，但是连最基本的吃住都没有着落了。

第八章 待势而发：屈伸得法大业成

没有办法，姜子牙流落到朝歌（今河南淇县）城。他先是在朝歌投奔好友宋异人。之后，他尝试做各种生意，包括卖笊篱、面粉、开酒馆以及卖活猪活羊，但都以失败告终。最后，姜子牙利用他学道的本事，开设了一个算命馆。姜子牙凭借其非凡的算命技能，一举成名，甚至因此被擒拿并献给纣王，从而被任命为朝歌的下大夫。

关于他的早年故事，在战国秦汉的文献中也有记载。说他早年曾被妻子赶出门，后来在朝歌做过屠户，但因生意不佳而放弃。之后，他投奔贵族子良作家仆，但因被嫌弃而失业。最后，他不得不在棘津渡口卖身为奴，但无人问津。最终，姜子牙在钓鱼时被周文王相中，成就了一段君臣相遇的佳话。

我们再回到故事中，被纣王任命为下大夫的姜子牙，被安排到国家图书馆工作。但是，纣王绝对没有想到，这一次他招来了一个话痨，姜子牙一有机会就上书，劝他不能这样，不能那样，纣王更没有想到，正是这个话痨，最终把他的大商朝给灭了。

姜子牙如此直言劝谏，自然遭遇反对者的反感，因此，姜子牙见好就收，借机自己先跑掉了。

随后，"姜太公钓鱼——愿者上钩"就开始在姜子牙及其好哥们散宜生和闳夭帮助下，应运而生。用现在的话讲，姜子牙要想找到更大的东家，就必须借势而起，待时而兴——学会包装、宣传、造势，甚至还得适时来个"欲擒故纵"。

很显然，姜子牙在渭水垂钓具有更大的作秀意味。否则，为何他一个七十多岁的老人，又不傻，钓鱼还用直钩呢？所以，姜子牙这种怪异的举动就是最好的造势。

故事大概是这样的：姜子牙并未直接前往周文王姬昌的领地求见，而是选择在渭水边隐居，并以一种独特的方式钓鱼，他使用的钓钩是直的，且没有挂任何鱼饵，钓线也不沉入水中，而是离水面三尺高。这种钓鱼方式自然无法钓到鱼，但姜子牙却乐此不疲，并自言自语道："愿者上钩。"他的行为引起了周围人的好奇和议论，但姜太公始终不为所动。

姜太公奇特的钓鱼方式，最终传到了姬昌的耳中。姬昌对这位奇人产生了浓厚的兴趣，决定亲自前往渭水边探访。他先是派士兵去请姜太公，但姜太公并未理会。随后，姬昌又改派官员前往，结果依然如故。最后，姬昌意识到这位钓鱼者必是位非凡的贤才，于是斋戒三日，沐浴更衣，带着厚礼亲自前往渭水边拜访姜子牙，二人终于在渭水之滨的蟠溪相见了。

两个人畅谈后，可谓惺惺相惜，有种相见恨晚之感。与此同时，姬昌与姜子牙肯定都有眼前一亮、信心满满之感。谈论中，姜子牙认为眼前这位周文王就是他渴盼寻找的明主；姬昌也认定眼前的这位老者，也定是他成就霸业、推翻商纣的左膀右臂。于是，姬昌封姜子牙为太师，称太公望，后被周武王尊称尚父。

周（西周与东周）朝三十七王，历经七百九十年。而这不足八百年的数字，便演绎了"蟠溪垂钓，文王徒步拉车八百步"。

关于这八百步之说，有两种版本。

版本一：文王背姜太公八百步说法。

据说，姜子牙为试探姬昌的诚意，托词自己年迈久坐而双腿麻木，暂时不能与文王一同回宫。若即刻要一同回宫，还要周文王背他回宫。虽然文王护卫都怒斥姜子牙太过分了，但是周文王果真背起了姜子牙。在周文王背着姜子牙往西走了三百余步之后却发现走错了方向，又往东再走了差不多五百步左右，直到体力不支把姜子牙放下。此后，姜子牙告诉他刚刚背着他走了差不多八百步，而他也将力保周王朝近八百年。

版本二：文王拉车八百步说法。

姜子牙告诉周文王，自己年龄大，走不动路了，需要乘坐文王的车辇，更有甚者，他还要文王亲自来为他拉车！文王求贤若渴，没有迟疑地亲自拉着姜子牙朝西岐国都赶去。然而，周文王拉着姜子牙最终只走了八百零八步，便再也拉不动了……

变通的智慧

"姜太公钓鱼——愿者上钩"，姜太公钓的不是鱼，也不是人，而是势，是有利于自己的趋势。我们学姜太公钓鱼，不是真的学习他的钓鱼方法（用直钩），而要从中领悟其借此造势宣传自己，从而引起别人注意的方法。在时机不成熟时，我们不妨静下心来，寻找一种适合自己的方式来洞察时局，待势而取，从而达成所愿。

占据舆论优势时，出手才名正言顺

在信息爆炸的时代，舆论不仅是公众意见的反映，更是塑造社会认知、影响决策过程的关键因素。在竞争领域，占据舆论优势至关重要。从大的方面来说，这是一个"人心向背"问题。从小的方面来说，这是个人或者组织能否获取支持力量的关键因素。当占据舆论优势时，向对手发动攻击就出师有名了。

春秋时期，郑庄公出生时，脚先出，头后出，差点造成母亲（武姜）难产，因此名叫寤生。或许是古人太过迷信，武姜认为小郑庄公命太硬，是老天派来谋害她的。故此，就十分反感，甚至想除掉这个孩子。

郑庄公与共叔段在年轻时可谓兄友弟恭的好典范，但在母亲的百般挑唆下，共叔段也日渐跟大哥郑庄公反目成仇，并且滋生篡位野心。

公元前744年，老君主郑武公病逝，太子寤生继承了君位，史称"郑庄公"。郑庄公封其弟共叔段于京邑（今河南省荥阳东南）。共叔段以京邑为基地，加固且增高城墙，修缮甲兵，训练士卒，准备取郑庄公而代之。郑庄公于周平王四十九年（前722），派公子吕（郑武公弟弟）率战车两百乘，士卒一万五千人，进攻京邑。京邑守军倒戈反攻，共叔段退守鄢（今河南省鄢陵）。公子吕率军攻占鄢。五月二十三日，共叔段逃到共国（今河南省辉县），后来自杀而亡。

至此，郑庄公结束了长达二十二年（公元前744年至公元前722年）的忍辱负重，终于在叔叔公子吕的辅助下，平定了共叔段的叛乱，剪除国内隐患、安定了国内局势。

这就是著名的郑伯（郑庄公）克段。

而长达二十二年的共叔段谋反，显然也不是一蹴而就的。

因为武姜过于偏心小儿子共叔段，所以她就和小儿子暗地里积蓄力量，想谋权篡位。

公元前743年，武姜请求郑庄公把共叔段封到制邑（今河南荥阳市汜水镇）。制邑这个地方，地势险要，又有虎牢关扼守要冲。郑庄公深知此地的重要性，以先王遗命不许分封的理由给搪塞过去了。武姜于是要求把京邑（在今河南荥阳市东南）封给共叔段。按说京邑地广人众，和都城相当，本不宜作为弟弟的封邑。但是面对母亲的步步紧逼，郑庄公无奈答应。

共叔段到京邑后，积极扩充其势力范围，疯狂试探郑庄公的底线。共叔段不仅把郑国西部与北部边境地区私自划为其封地，而且还延伸到廪延（今河南延津县北）。廪延是黄河重要的渡口，与卫国相邻，位置非常重要。至此，共叔段实际上已经掌握了郑国近半壁江山。

面对弟弟共叔段的势力滋生蔓延，郑庄公的大臣们纷纷提议要提早遏制。

此时，郑庄公说出了那句千古名言：多行不义必自毙。

作为儿子、兄长，郑庄公始终秉承孝悌之道。可是作为一名君主，一名政治家，当把个人利益与国家安危联系到一起的时候，他又怎么会坐以待毙呢？

面对共叔段的日益壮大，公子吕忍无可忍，向郑庄公提出诛灭共叔段的建议。

郑庄公认为，如果诛灭他，母亲武姜必然会从中阻挠，而且会招致外人议论。不仅说他不孝顺，而且还会骂他对弟弟不讲亲情。

郑庄公隐忍二十多年，就是要牢牢把握住当时国内外的舆论主动权。

以道义战胜不义，获得民意认同和国际认可，以免郑国处于长期动乱状态。

共叔段的得意忘形、胡作非为，终于引起了多数人的反对。郑庄公的棋局也开始落子定胜负了。所以，郑庄公决定引蛇出洞，引诱共叔段主动造反。

首先，假意宣布自己要朝觐周天子，造成国都空虚的假象，实则暗中隐藏兵马。

其次，派公子吕引兵马事先埋伏在共叔段封地京邑附近，等共叔段率军出动后，迅速占据其封地。

最后，郑庄公和公子吕前后夹击，击败共叔段。

其间，双方间谍相互各自传递消息。共叔段果真上当，按照郑庄公既定计划如期上演。因为共叔段带走了大部分兵马，所以攻取京邑不费吹灰之力。

共叔段出兵不到两天就听闻封地丢失，于是急忙回救。不得不说，郑庄公把舆论战运用得确实炉火纯青。就在共叔段兵马在封地外驻扎的时候，士兵们纷纷收到了城中寄来的家信，都是说郑庄公仁义、共叔段荒唐的话。

最后，共叔段兵败如山倒，逃到卫国的共地（今河南辉县），因此，故称共叔段。

审时度势 变通的智慧

在平定了共叔段的叛乱后，郑庄公因为记恨母亲武姜，便将其安置在颍地（今河南临颍县西北），且发誓黄泉相见。事后不久，郑庄公后悔了，想接回母亲，但这样又自食其言（"黄泉相见"）。随之，郑国大夫颍考叔便建议说："这好办。我们可以掘地道至黄泉，筑成甬道和庭室，在那里，你们不就可以见面了吗？"郑庄公深感此法妥当，就委托颍考叔办理此事。于是颍考叔迅速行动，很快挖成了一个地道，请庄公和母亲在那里见面。母子二人见面后抱头痛哭，从此言归于好。这就是著名的"掘地见母"故事的由来。

变通的智慧

舆论可以成就一个人，也可以毁灭一个人。在与对手的较量中，出手之前，舆论先行。只有占据舆论优势，才会得到公众的理解和支持，才好名正言顺地进行打击对手。同时，也要保持清醒的头脑和自律的精神，确保自己的行动始终在合法、道德的框架内进行。那些造谣中伤对手的行为，是不可取的，真相也是终究会大白于天下的。

在沉默中精心布局，于爆发时杀伐果断

在面临挑战、机遇，尤其是困境时，要保持沉默，学会忍耐，低调行事，并利用这段时间进行深入分析、规划和准备。这种沉默并非无所作为，而是将精力集中在内部，构建稳固的基础，制订周密的计划，确保每一步都会顺利进行，从而为未来的行动打下坚实的基础。当时机成熟、条件具备时，就要迅速而坚决地采取行动，以雷霆万钧之势达到目标。

楚穆王十二年（前614年），楚穆王薨，楚庄王即位。

楚庄王即位三年，不理国政，日夜寻欢作乐，还向国内下诏令："有敢进谏者，格杀勿论！"

但任何朝代中都有直言上谏的忠臣。楚庄王左抱郑姬，右揽越女，坐在歌舞姬中间，正玩得不亦乐乎时，伍举（又称椒举，楚国大夫伍参之子）入宫报告："有一只鸟落在土山上，三年不飞不鸣，这是什么鸟呢？"

楚庄王说："三年不飞，一飞冲天；三年不鸣，一鸣惊人。你下去吧，我知道你的意思了。"

过了几个月，楚庄王更加淫乐放纵。大夫苏从入宫进谏。楚庄王说："你没有听到我的诏令吗？"苏从回答说："舍身为国，是我的梦想。"

楚庄王认为时机到了，于是他一改从前的状态，开始精心处理朝政。

原来，楚庄王上任后，假意淫乐，是为了便于观察国家大势，辨别大臣忠奸。一切都已经查明，他清除了奸党佞臣，擢升了几百个贤臣，任用伍举、苏从管理政务，举国拥护。

三年沉默，不鸣则已，一鸣惊人。楚庄王是个在沉默中运筹帷幄的君主，他的每步举措都充满了深思熟虑和卓越的政治智慧。

他在位期间，一举灭庸，北上与晋国争霸，饮马黄河，观兵于周疆，问九鼎之大小轻重，灭陈又复陈，伐郑时逼得郑襄公"肉袒牵羊"来欢迎他。

楚庄王十七年（前597年），爆发在邲山脚下的邲之战（又称"两棠之役"），是春秋中期发生在晋、楚两国间的一次著名战争。邲之战中，雄心勃勃的楚庄王亲自率领三军精锐问鼎中原。在攻陷郑国之后，又利用晋军内部将帅不和、分歧不断的弱点，一举击败前来救援郑国的晋军。

虽然邲之战中，楚军并未趁晋军溃逃之际全歼其主力，导致晋国的有生力量得以保存，但是邲之战对楚国依然是意义非凡的。楚庄王赢得邲之战后，迫使郑、许、宋、鲁依附，楚国声望日益上升，而晋国的地位日渐衰微，楚庄王因此奠定了"春秋霸主"的地位。

楚庄王十九年（前595年）九月，楚庄王率军包围宋国都城商丘（今河南省商丘市）。次年五月，双方粮草耗尽、无力再战。最终，宋、楚会盟，楚国退兵。

关于楚庄王三年浑浑噩噩，不理朝政，似乎更令人感到不解：为什么日后证明如此英明勇武的楚庄王，却偏偏非得要这样做呢？

楚庄王即位后，大权旁落，朝政大都被斗氏家族把持，可以说楚庄王处处受制于人。于是他就过了三年花天酒地的生活，也不处理政事，成天躲在后宫里鬼混，以此来麻痹这些权臣。

不难看出，在强大的斗氏家族面前，当时楚庄王就像一只弱鸡，只能听任摆布。也就是说，楚庄王在即位后的前三年，不但无乐可享，简直是苟且偷生，如履薄冰。

这种情况下，他就不得不等待羽翼丰满、静观形势变化了。而这就是楚庄王为什么"莅政三年，无令发，无政为"的原因。

当初，楚庄王欲问鼎中原，却遭王孙满谏言。王孙满指出，天下社稷需德行治理，仁政修德为先，只有如此才能配得上鼎器辖土。数年后，楚军南征北战，拿下了许多小国，国力空前强盛。十年间，楚庄王内外兼修，国力与军力不断提升。这一过程，充分展现了楚庄王的智慧与才华。

楚庄王的成功离不开他的审时度势与借势而为。可见，善于决策，懂得布局，是明君的重要素质。听取多方意见，敢于改变，这也是楚庄王能够成功问鼎中原的重要原因。

三年不鸣，一鸣惊人。如此一代霸主，在位二十三年的楚庄王，于公元前591年，告别了那个时代。

变通的智慧

在沉默中精心布局，于爆发时杀伐果断，说的就是谋定而后动，即在充分掌握敌情、地形等条件后，再制订作战计划，并在关键时刻发起致命一击。这种策略不仅有助于个人成长和成功，也有助于团队和组织在竞争激烈的市场中立于不败之地。该沉默时保持沉默，该行动时就果断行动，这不仅是一种策略，更是一种能屈能伸、进退自如的大智慧。

先坐山观虎斗，然后坐收渔人之利

在复杂的竞争或冲突局势中，不急于介入，选择保持中立，静观其变，待双方力量消耗殆尽，或出现明显胜负之际，再从容出手，以最小的代价获取最大的利益。这就是"先坐山观虎斗，然后坐收渔人之利"的大意。这种谋略在古代历史中经常被使用。

陈轸，战国时期齐国人，历仕齐、秦、楚国，曾经与张仪同在秦惠文王驾下为臣，秦惠文王对他们都很器重。但是张仪极力排挤陈轸，向秦惠文王进谗言。陈轸顺着张仪进谗言的逻辑，说服了对其产生怀疑的秦惠文王。

要按我们常人逻辑，一旦有人说自己不好，那么自己一定想办法说且证明自己是好人或好的方面。陈轸却反其道而行之。你张仪不说我把秦国机密泄密给楚国嘛，那我就向秦惠文王说明，我这次离开秦王，就是回楚国。当秦惠文王认定张仪所说为真，他就为叛徒时，陈轸却解释："微臣身为秦国大臣，如果怀有二心，常把秦国内部情况密告楚国，楚王必定不会收留我这个不忠之臣，昭阳（时任楚国相）也不屑与我同为一殿之臣了。所以，由此就可判断有人制造微臣出走楚国的说法究竟是真是假了。"

秦惠文王听了陈轸的话，认为有道理便不再追究，还同从前那样以礼优待。但一年后，秦惠文王终于在张、陈两位谋士之间作出抉择，任用张仪为相。陈轸恐怕被张仪陷害，于是投奔楚国，虽没有得到重用，但楚怀王派遣他出使秦国。

关于陈轸与张仪、秦惠文王这段故事，在刘向《战国策·陈轸去楚之秦》中有生动描述。这里陈轸又用了"欲擒故纵"手法，以生动形象、风趣幽默且不无戏谑之言证明了自己的清白。

这时，韩、魏两国互相攻伐一年之久也没有和解。秦惠文王打算出兵援救，向大臣们征求意见。有人主张救韩，有人主张救魏，还有人主张不救。秦惠文王犹豫不决时，宫廷侍从报告：楚国使臣陈轸从郢都来到秦国，奉楚怀王之命谒见大王。

当陈轸拜见秦惠文王后，秦王深感愧疚，寒暄一番便问陈轸："当前韩魏相争，秦国该如何做才好呢？"

陈轸回答："大王，两虎相争，两败俱伤。小的必死，但大的也得受伤。假如我们能够等待两虎俱伤时，再一举击之，便可两虎兼得啊。如今韩、魏交战，就好比这一大一小两虎在争斗，因此大王您只需要坐待时机，借势而起，便可坐收渔翁之利。"

陈轸的计谋让秦惠文王心服口服，秦国不费一兵一卒，还能坐收渔翁之利。

陈轸进一步解释：两虎相斗，个头小的，力气弱的，一定是斗败而死或伤；而个头大的，必然也会因全力争斗，以致双方筋疲力尽。

"如今韩、魏两国交锋，战争打了一年没有停战迹象。这就像两虎相争一样，等两国打得精疲力竭，出现一伤一亡或是两败俱伤的时候，大王再兴兵出击，攻打其中伤亡较轻的一方，就可一举两得。这样既可削弱韩、魏两国，使其屈服，又可克敌制胜，攻城略地，如同下庄子刺虎一样大获全胜。韩、魏的削弱，将对于大王和我主楚王都是有利的。"秦惠文王说："大夫的计谋十分高明。"于是采取坐山观虎斗的战略，等候韩、魏两败俱伤时，秦兵再大举出击,坐收渔人之利。

此故事出自《战国策·秦策二》。

然而,陈轸给楚怀王一次又一次地出主意,楚怀王却当耳边风。而代表楚国来秦国谈和的陈轸,居然给秦国出起了主意。这就说明陈轸与楚怀王两人不在同一个"频道"上,而他与秦惠文王至少可以做到有效沟通。

秦国坐山观虎斗,等韩、魏打得差不多了,韩国失败,魏国受损,秦国出兵伐魏,果然大获全胜。而等齐国、楚国两家反应过来时,显然为时已经晚了。

变通的智慧

当两个竞争对手在互撕时,不要掺和进去,也不要帮助其中任何一方。让他们先斗一斗,等到他们两败俱伤时,就该我们坐收渔翁之利了。这里的竞争是指正当的竞争,而不是那种没有道德底线的,甚至是违反法律的恶性竞争。无论是商业竞争,还是职场竞争,我们都可通过观察分析,寻找最合适的时机介入,这样才能避免无谓的损耗,并达到事半功倍的效果。

世上最弱的是人心,最硬的是骨气

人心在情感、欲望、恐惧等面前往往显得脆弱不堪。人心易变,易受外界影响,无论是亲情的牵绊、友情的背叛,还是爱情的得失,都可能让人心陷入深深的痛苦与挣扎之中。此外,面对生活的压力、社会的竞争,人心也常常显得力不从心,甚至可能因一时之念而作出错误的决定。然而,人心可以是软的，但骨气必须是硬的，这是一种尊严，也是一种气节。

汉武帝天汉元年（前100年），苏武奉汉武帝的诏命出使匈奴。

苏武等人来到匈奴后，他的副使张胜卷入了匈奴内乱，于是匈奴单于扣押了苏武等人。在匈奴人的威胁下，副使张胜投降了匈奴，而苏武宁死不屈。

苏武想自杀（未遂）以保大汉气节，匈奴人对他心生敬意，知道威逼是无法让苏武屈服的，于是就将苏武送去了北海，也就是今天的贝加尔湖地区。与此同时，匈奴人告诉苏武：只有公羊生出小羊的时候，才会将他放回汉朝。

虽然北海冬天酷寒，近乎不毛之地，但是匈奴人并不给苏武提供最基本的生存保障。为了生存，苏武在最艰难无奈时，只好渴饮雪、饿吞毡……

在苏武牧羊期间，匈奴单于派李陵去劝降苏武。李陵是前将军李广之孙，兵败之后，投降了匈奴。李陵见到苏武后，将苏武家里的情况告诉了苏武。

他的哥哥苏嘉身为汉武帝车夫，他驾的马车撞到了柱子，折断了车辕，于是就自杀了。弟弟苏贤奉命追捕杀害驸马的人无果，也选择了服毒自尽。关键，他的父母也早已经去世了，他的妻子也选择了改嫁。他还告诉苏武，汉武帝已经不像年轻时那样开明，有许多大臣并没有犯罪，却遭到了汉武帝的灭族。

李陵无非就想让苏武明白，他再如此坚持归汉，已没有意义了。苏武听完后，只一句话：如果任何人再想劝降他，那他还选择自杀。

如此苏武北海牧羊，其宁死忠于大汉的气节，确实令人佩服。

苏武被扣北海十九年，与汉武帝朝的一位使者卫律有直接关系。卫律在出使匈奴后就投降了，单于重用他并封他为王。而卫律的下属虞常就计划着联合苏武的副手张胜（也是他的朋友）杀卫律，再挟持单于的母亲为人质，以逃回中原。

遗憾的是，最终两人反被匈奴给逮住了。单于怒不可遏，下令抓捕了全部的汉使，并令卫律劝降苏武。

其实，对于虞常和张胜的计划，苏武是一点都不知情的。他的副手张胜也没有告诉他，只是事到临头了，张胜怕受牵连才告诉他。

事已至此，苏武难以辩解，不过他很冷静，他对卫律说："我是汉使，要是辱没了国家的使命，活着也无颜回到祖国"。

苏武说完，就要拔佩刀自尽，好在随从眼疾手快夺下了刀。虞常是一条好汉，受尽刑罚，也没有说苏武是他的同谋。

卫律未得结果，就向单于报告，单于大怒要杀苏武，被大臣劝下。单于又叫卫律去逼降苏武，苏武依然是大义凛然地说："我是汉使，如果有负使命，丧失了气节，还有脸活下去吗？"于是，苏武又拔出佩刀抹向脖子，卫律慌忙阻拦，但苏武的脖子已然受了重伤，昏死了过去，卫律赶忙让人抢救，苏武才慢慢醒过来。单于闻之，很佩服苏武，认为他是一个很了不起的人才。

在审苏武副手张胜时，这个张胜贪生怕死，竟投降了。卫律对苏武说：你的副手有罪，你得连坐。"苏武说："我不是他同谋，为何要连坐？"

面对卫律的威胁，苏武没有害怕。

卫律又说："我当初投降匈奴，是迫不得已，单于重用我封我为王，给我几万将士和满山牛羊，让我享尽荣华富贵，先生同我一样投降，就不会丢了性命。"

结果换来苏武一顿怒骂："你是汉人的儿子，汉朝的臣子，却忘恩负义、背叛祖国，厚颜无耻做汉奸，你有什么脸面与我说话？我决不投降，怎么逼都没用！"

单于见此招无用，就把他放到北海（今贝加尔湖）边上去放羊了，还将他的随从与他分割开来，以免他们互通消息，暗里策划逃走。

汉始元二年（前85年），匈奴单于死了，发生内乱，新单于无力与汉朝打仗，就派使者求和。汉朝也明确提出要回苏武，但是匈奴人执意说苏武早已死了。后经汉使再三强硬索要，且明确说苏武并没有死。

于是，汉始元六年（前81年）春，匈奴人终于放回了苏武。

苏武出使匈奴时四十岁，在北海历经十九年的折磨后，已然是老态龙钟、须发皆白。

回长安那天，长安百姓都出来迎接苏武，他们瞧见苏武白胡子、白头发，手里还拿着光杆儿的旌节，无不为之感动，都赞他是"大丈夫，真英雄！"

变通的智慧

骨气是人在逆境中依然坚守原则、不屈服于压力的内在力量。它让人在遭遇挫折时能够挺直腰板，继续前行；在面对诱惑时能够保持清醒，不为所动。骨气是人格尊严的体现，是精神世界的支柱，它让人的灵魂得以升华，让生命之树常青。一个有骨气的人，是值得尊敬的人。

第九章
失势而退 功成身退显智慧

《后汉书》有言:"神龙失势,即还与蚯蚓同。"一个人再了不起,一旦时运不再或失去势力,也会变得与普通人无异,甚至可能陷入困境。当一个人失势时,不退也得退了,这是不得不退,这是失势而退的表面意思。失势而退的更深层含义是指大功告成之后,自行隐退。盛极必衰,物极必反,月满则亏。最得势之时,也是势退之始,此时隐退才是明智之举。

最得势之时，也是该归隐之时

万事万物都逃不脱"盛极必衰"的自然规律。因此，当一个人达到最得势的状态时，应当具备前瞻性的眼光，意识到潜在的危机，从而未雨绸缪，为未来的转变做好准备。在职业生涯中，最得势之时选择退隐，可以避免成为众矢之的，减少不必要的纷争与麻烦。

孙武能够走上春秋战国时代的舞台，有两个人起到非常重要作用。一位是楚人伍子胥，另一位就是吴王阖闾。伍子胥因为父兄被楚王冤杀，逃离楚国后来到吴国。伍子胥结识了孙武，几番交往，深感孙武是个人才。于是，两人惺惺相惜，视为知己。此时正是吴国内修国政，外练强兵的图谋发展时期。而此时具有兵法韬略的孙武，恰恰是吴王阖闾急需之才。

深知吴王心思的伍子胥认为时机已到，他先后七次向阖闾推荐孙武，并向阖闾呈献了孙武的兵法十三篇。兵法中谈及的"国之大事，强国胜战"精要，确实让阖闾感到兴奋。遗憾的是，吴王并没有即刻重用孙武。为了考察孙武，吴王突发奇想，不让孙武去操练士兵，而是让他去操练宫女，孙武欣然领命。

吴王把一百多位宫女交给孙武训练，孙武把宫女编成两队，让吴王最宠爱的两个妃子当队长，然后把一些军事的基本动作教给她们，并告诫她们要遵军令。不料孙武发令时，宫女都哄堂大笑，于是孙武再重复一遍军令，并再次下令，宫女们仍然只顾嬉笑，孙武下令将两位队长拖出去斩首了。宫女们此时才知军法的威严，没人再敢开玩笑，果然训练得有模有样。

吴王虽然有些痛惜失去了那两个妃子，但是他认定孙武确实有带兵之才。随后，吴王拜伍子胥为相、孙武为帅，三人携手共图吴国霸业。

孙武兵法中认为，最高境界的战争形式不是两军如何战场争斗，而是"上兵伐谋"。孙武认为，战争是君民意志、敌我分析、军队法纪、战时补给、攻守平衡等一整套理论的综合体现，所以他的训练更注重的是军队的整体素养。

检验战斗力强弱的最好方法，无疑是实战。

周敬王十四年（前506年），孙武会同伍子胥发兵攻楚。当时孙武集中三万精兵，乘坐战船沿淮河而上，逼近楚军要地。

当楚军布防完毕后，孙武却决定放弃水路捷径，转而绕道山路，奔袭千里。对于这样的抉择，伍子胥很不理解，要知道吴军擅长的正是水战，而且陆地进军路程远比水路更长，士兵自然更容易疲累。

面对大家的质疑，孙武用"出其不意，攻其不备"来解释。水路虽近，但是逆水行舟更迟缓，况且楚军已经沿水路稳固设防、以逸待劳，这种情况下交战，吴军很难成功。

当吴军沿陆地奔袭越过汉水后，得到消息的楚王惊慌失措，仓促派主将瓤瓦率领二十万大军，仓促迎战吴军。

孰料，此时的孙武又变换了招数，且战且退，一直退到距离楚国都城三百里的柏举。而楚军将领根据吴军一战即退的经验判断，吴军根本不敢交战，于是楚军一路疾步追剿。

当楚军追到柏举时，二十万楚军已经是首尾不接、疲惫不堪，随之，孙武下令全军反击。孙武从三万吴军中挑选出较为强壮的三千五百人作为前阵，身穿肩甲、手持利器突击楚军，剩余的部将随后掩杀，二十万楚军被吴军击溃。

吴军乘胜追击，一举攻入楚国都城郢，楚昭王仓皇出逃。吴楚决战，堪称孙武"兵不厌诈"思想的经典战例。

吴王阖闾七年（前508年），吴王采用孙武建议直攻楚国，在孙武的调兵遣将、运筹帷幄下活捉了楚国大夫。几年后，在孙武的指挥下吴军又以三万精兵直抵楚国国都。其中经历五次大战，战战告捷。孙武多次为吴国建立了战功，成为吴王的股肱之臣，其才华与智慧使他名扬天下。

后期的吴王夫差日渐沉迷于女色，荒废朝政，孙武见状再无心辅佐他，主动辞官告老还乡，和家人共享天年。他一边种地弄田，一边继续修订《孙子兵法》。

与孙武不同的是，伍子胥没有放弃，依然在不停地进谏。然而也正是伍子胥这种性格，导致了他悲剧的发生。吴夫差十二年（前484年），伍子胥和夫差意见不合，最后因夫差相信谗言而凌辱伍子胥。后来，伍子胥在绝望中自刎身亡。

其实，孙武在隐退前，私下就劝说伍子胥："夫功成不退，将有后患。"遗憾的是，伍子胥确实有点像《水浒传》中的卢俊义，终因不听燕青规劝而酿成悲剧，确实令人心绪难平。

此事后，更加坚定了孙武彻底退隐的决心。对于孙武退隐的时间、隐居的地方，史料没有记载，这或许是一个永久之谜。

所谓失势而退，即指大功告成之后，自行隐退。显然，孙武做到了这点。

变通的智慧

每个人的人生都有低谷和高峰。在低谷时都会努力奋斗，一般人都能做到，但在高峰时懂得退隐，的确是一般人做不到的。当你在人生最得意或最辉煌之时，也是你最应该急流勇退之时——最得势之时，也是该归隐之时。在得势之时选择归隐，放下名利、权势等身外之物，追求内心的平静与自由，有助于个人精神的升华与境界的提升，做一个逍遥自在的人。

谋大事先布大局，高光时功成身退

在追求重大目标或事业时，首要之务是要有全局观念和长远眼光。在行动之前，需要深思熟虑，明确目标，并制定出实现这一目标的整体策略和布局。这不仅包括对当前形势的精准判断，还需要预见到未来可能的变化和挑战，以便及时调整策略,确保方向正确,步骤有序。通过精心布局,可以最大限度地整合资源,减少盲目性,提高成功率。当大事已成时,要审时度势,适时而退。

范蠡是个传奇人物,他不仅成功辅佐了越王称霸,而且还能急流勇退。商场上,陶朱公成为范蠡财富的代名词。因此,范蠡集成功的政治家、军事谋略家、巨贾大商于一身。

春秋末年,范蠡出生在楚国宛地(今河南南阳)的一户寻常人家。范蠡长大后师从于计然,利用先天的聪慧加上后天的勤奋,一跃成为文武兼具的高才。后来,楚宛介绍文种与范蠡相识,两人很快成为知己。

由于当时楚国的朝堂只对贵族敞开,像范蠡这样的平民,如果没有人推荐,肯定无缘进入朝堂。于是范蠡和文种便决定离开楚国,前往当时最有发展空间的邻国——越国。

公元前493年,已经来到越国多年的范蠡,一直没有得到越王勾践的重用。

有一天,越王听说吴王夫差开始日夜练兵,打算攻打越国,这让越王有了想要主动进攻的想法。

范蠡预见到此战必败,力劝越王不要攻打。殊不知,自以为是的越王执意冒进,同吴国开战。结果越王被困于会稽山,越国大败,损失惨重。

这时,越王想到了范蠡,深感此人绝非平庸之辈。面对战败的绝境,越王开始向范蠡询问应对之策。

范蠡分析时弊后,再次劝谏越王:"卑辞厚礼以遗之,不许,而身与之市。"他劝越王沉着镇静,不妨后退一步,暂且以谦卑的姿态,献上丰厚的礼物,并答应吴国的全部条件以保全性命。

谋大事者必要布大局,懂得隐忍。范蠡在越国处于劣势时,依旧能够沉着冷静地看清时局的本质,适时隐忍,果断筹谋,在绝境处,为越国争得一线生机。正所谓:"置之死地而后生,投之亡地而后存。"

因为只有懂得隐忍之人,才能在面临逆境时宠辱不惊,也能牢牢抓住逆境背后所隐藏的机会。

随之,就有了越王忍辱负重、入吴为奴的三年情节。后来范蠡又辅助越王，一边振兴越国的军事力量，另一边又投其所好，送给吴王无数珍宝美人，消磨吴王的心智。二十年磨一剑。在范蠡和文种的辅助下，越王终于在公元前473年彻底灭了吴国。

吴国灭亡以后，范蠡凭借"亡一国，兴一国"的显赫功劳，很快便被越王封为上将军。一时间功名显赫，风光无限。

人在高处不胜寒。越在人生高光时，大智者越能舍得抛弃。范蠡恰在其人生巅峰时，急流勇退，离开越国，辞官归隐。顺应时局，功成身退，这是能够谋就大事且能善终者的必归之路。

于是，当越王开始大肆奖赏他的功绩时，范蠡以主忧臣劳，主辱臣死，现在会稽之耻已经洗清，自己也没有理由继续苟活为由，请求勾践对会稽受辱之事降罪。越王被他谦卑的言辞打动，甚至试探性地说出想要和范蠡平分越国的想法。殊不知，范蠡又以"君行令，臣行意"回绝。于是，越王就做了个顺水人情，将会稽之地作为范蠡的封地，准其隐辞。

从此，范蠡便开始泛舟五湖，直至生命终了都没有再返回越国。

范蠡不仅谋略超群，而且能保持危机意识，知道适可而止，更是深谙君臣平衡及生存真谛。因此，范蠡在帮助越王勾践称霸后，即刻离开了越国。

他从齐国写信给辅佐越王的文种说："蜚（同飞）鸟尽，良弓藏；狡兔死，走狗烹。越王为人长颈鸟喙，可与共患难，不可与共乐。子何不去？"告诉文种，现在很危险，赶快撤离。

果不其然，虽然文种见到范蠡此书信，称病不朝，但是越王仍赐文种自杀。

范蠡为了保住性命曾三迁，但是由于西施非常喜爱五湖风光，最后二人还是定居西湖。《越绝书》引用《吴地语》写道："西施亡吴国后，复归范蠡，同泛五湖而去。"这种结局简直太过完美，细细想来觉得美好得不太真实。

对于范蠡的最终结局，还有一种说法。西汉初年贾谊的《新书·耳痹》就提到，说当年大仇得报后，越王勾践想起种种所受之屈辱，感觉有必要杀了那些功臣。毕竟，他们知道得太多了。于是，勾践将范蠡与一块巨石绑在一起，沉到了湖底。

李斯曾评价范蠡：忠诚地侍奉君主，用智慧来保全自身，这样的人，千百年来，有谁能比得上，谁又能与之相提并论呢？

范蠡之所以能够获得李斯如此高的评价，正是因为他有忠诚之德，并懂得失势而退的道理。

最后，说一说范蠡与财富的故事。

范蠡的一生充满了传奇色彩，尤其是在商业上的成就，使他被后人尊为"商圣"和"文财神"。范蠡的生平中，有三次著名的散尽家财的经历。

第一次散财：范蠡在帮助越王勾践复国成功后，意识到越王并非一个愿意与人共享富贵的人，因此他选择了急流勇退，放弃了国相的高位，带着西施隐退江湖，并将所得的财富充公。这一决策不仅保全了他的身家性命，还体现了他对人性的深刻理解和把握。

第二次散财：范蠡在隐退后到了齐国，更名改姓，带领家人在海边晒盐贩盐，最终成为当时的超级富豪。齐国人仰慕他的贤能，请他做宰相。范蠡感叹道："居家则致千金，居官则至卿相，此布衣之极也。久受尊名，不祥。"于是就归还宰相印，散尽其财，分给朋友和乡邻，带着重宝，闲行而去。

第三次散财：范蠡在离开齐国后，游历四方，最终定居在陶（今山东定陶），并再次通过经商积累了巨额财富。在这次聚财之后，他见自己隐居的地方大旱，于是决定将自己全部财产拿来捐给国人，再一次展现了他"务完物，无息币"的思想和对财富流动性的理解。

范蠡的这三次散财行为，不仅体现了他对财富的深刻理解和管理智慧，也展示了他高尚的品德和对社会的责任感。他的故事激励了后世无数商人，成为了中国商业精神中不可或缺的一部分。

变通的智慧

"谋大事先布大局,高光时功成身退"是一种高瞻远瞩、进退有度的处世哲学。在追求事业成功的过程中,既要有远大的志向和全局观念,又要有谦逊的态度和适时的退让精神。只有这样,才能在复杂多变的人生旅途中,保持内心的平和与坚定,实现个人与事业的和谐共生。换句话说就是:做事前先谋划好,成功后该撤就撤。

做人做事的至高境界:有用且无害

一个对社会和别人无用的人,会被别人瞧不起,更别说得到别人的尊敬了。做人就要做个有用的人,这是个人能力的彰显,更是价值的体现。一个人只有能力是不够的,还要懂得做人做事。在做人做事这方面,张良绝对是一把好手。

"汉初三杰",韩信惨死,萧何虽受到"剑履上朝,入朝不趋"特权,但刘邦也曾多次对萧何起了杀心。那么同为汉初三杰的张良却为何能在既不让刘邦猜疑又不让吕后担忧中而功成身退呢?

因为张良清醒地意识到"功高震主",便主动婉拒刘邦的让其"自择齐三万户"的重赏。张良只选择了不足一万户的留县作为封地,受封"留侯",过上了无欲无求的生活。

从此,刘邦不再怀疑张良有不臣之心。从此一以贯之,对张良尊重有加,从不直呼其名,皆使用敬称"子房"。而这也是萧何、韩信从未享受过的待遇。

这就是张良深悟到做人做事的至高境界:有用且无害。

回溯张良的一生,他开始时的执着勇敢且义无反顾,确实与其日后的急流勇退形成鲜明对比:前者是那样的执着坚定且勇武果敢,日后他却活得如此清醒与明白——失势而退，无欲无求。

张良本为韩国贵族之后，因此他发誓要推翻秦朝而报国仇家恨。于是张良拜见仓海君，共同制订谋杀秦始皇计划。张良为实现其复仇的刺杀行动，弟死不葬，散尽家资。为此，他还找到一个大力士，为他打制一只重达一百二十斤的大铁锤（约合现在五十斤），然后差人打探秦始皇东巡行踪。

秦始皇二十九年（前218年），秦始皇东巡，张良很快得知了消息。于是，张良指挥大力士埋伏在秦始皇车队必经之地博浪沙（今河南省原阳县城东郊）。虽然张良与大力士确定是秦始皇的车队到达，但分不清哪一辆是秦始皇的座驾。情急中，张良指挥大力士将一百二十斤的大铁锤向中间最豪华的一辆车砸去……遗憾的是，没有砸中秦始皇。秦始皇下令在全国大肆搜捕凶手，但过了很久也没抓住，后来就不了了之了。

后来，张良选择了追随刘邦。

在刘邦定都关中后，张良见刘邦的帝位已渐次稳固，便逐步从"帝者师"退居到"帝者宾"的地位，他从不贪恋权位。

这就是精通黄老之术的张良，他真正做到了"进退自如"，践行了"适可而止，失势而退"的立身处世原则。后来，刘邦称帝后，掀起了翦灭异姓王的残酷斗争。张良都以老病缠身为由，闭门不出，不为双方出谋划策，也不参与其明争暗斗。

由此，张良没有留下如萧何那样"成也萧何，败也萧何"的笑柄，还赢得了汉室上下及朝廷大臣们的敬仰，被视之为最靠谱之人。

刘邦后来宠信戚夫人，还一度打算立其子赵王如意为皇太子，让吕后心慌不已。吕后便问计于张良。因"立嫡立长"事关国本，含糊不得。在这个问题上，张良没有回避。更何况，这不仅是帮助吕后，还是他能否"明哲保身"的需要。

于是，张良建议，可请"商山四皓"下山，待之为上宾，辅佐太子刘盈。

太子刘盈因而成功躲过此劫，后来当上大汉的第二任皇帝，这就是汉惠帝。

张良由此得到吕后的敬重，也得到了刘盈的感激。后来，刘邦死后（前195年），吕后掌权，还力劝张良不必那么不食人间烟火，大汉可保障他衣食无忧，一生平安。

张良的晚年，果真安然无恙，得到了寿终正寝的最好结局。如此张良确实是一位懂得失势而退的大智者。此之失势而退，不是说等到彻底没有权势时再被迫而退，而是在不合时宜之势时，遂急流勇退。

张良晚年随师父黄石公云游四海，后来在黄袍山（今湖北咸宁通城县东南）修建良山道观隐居，修建伐桂书院教授孩子们知识，直到六十一岁时病逝（前186年）。

北宋黄庭坚游历于此，赋诗大赞张良："牧童骑牛过前村，短笛横吹隔陇闻。多少长安名利客，机关用尽不如君。"

张良死后，谥号"文成"，其子张不疑也得以袭侯。相传，张良羽化后成仙，位为太玄童子，宋时奉为"凌虚真人"，其八世孙就是天师道的创建人张道陵。

变通的智慧

无论在生活还是工作中，一个有用的人，是受人待见的，因为有用，能给别人提供帮助或者带来利益。一个有用且无害的人，不但受人欢迎，而且让人放心。无害这一点很重要，指的是不会害人，不会对别人造成威胁，人们愿意和这样的人相处。需要指出的是，人若太有用了，就要注意可能对别人造成威胁，所以必须无害。有用且无害，是做人做事的至高境界。

入局靠本事，出局靠智慧

我们都会进入或者已经进入某个领域、行业、项目或竞争环境中。置身其中，本事是至关重要的。这里的本事指的是个人的能力、技能、经验和专业知识等。在竞争激烈的环境中，只有具备足够的实力和能力，才能脱颖而出，成功进入局中并站稳脚跟。当不想再在局中时，出局是必然的，然而有时不是你想出就能出的，这需要出局的智慧。历史上，萧何的入局和出局彰显了他的能力和智慧。

在汉初三杰中，萧何与张良、韩信不同：张良、韩信是天纵英才、国士无双，二人各自在文、武方面的才能可谓震古烁今；而萧何则是另一种类型，他既不能率军作战，又不擅长军事谋略。但萧何在管理文书及修订法律等治国理政方面，却有着常人不及之能。

早在萧何担任沛县主吏掾期间，有一次朝廷的御史前来泗水郡督查工作。萧何跟着这位来自中央的领导办事，表现极为出色，在后来的考核中名列第一。爱才的御史打算上奏朝廷，把萧何调进京城工作，但面对这种寻常官员梦寐以求的机会，萧何竟然再三推辞，最终对方遗憾而去。

后来，萧何为什么跟随了刘邦呢？刘邦虽然做事大大咧咧，但是的确有江湖仗义豪情。萧何似乎就是看中了刘邦这一点才跟随他。

萧何身在基层、精于吏事，见惯了最真实的秦朝情况，故此对王朝存在的巨大危机深有感触。而刘邦这种草根英雄人物，则代表着官员体系外的另一群体，萧何关照他，极有可能是提前押宝，以便为其将来多留条后路。说白了，萧何有吕不韦的"奇货可居"心理。

伴随时局的发展，刘邦竟然振臂一呼，让沛县城内父老愿意打开城门。如此一来，萧何便变成刘邦的部下。

但若分析当时萧何的心情，应该不怎么好吧。因为在当时混乱时局，武力成了决定一股势力生死存亡的首要因素。所以，在刘邦手下最受欢迎的，一是能冲锋陷阵、率军打仗的武将，二是可以出谋划策、运筹帷幄的谋士。但遗憾的是，在这两方面，萧何都不擅长。相比较在鸿门宴上大出风头的张良、樊哙，乃至凭借军功逐渐升迁的曹参，萧何一度显得默默无闻。

不过，萧何这种现象在刘邦占领咸阳后，彻底改变了。刘邦杀入咸阳后，正当众将纷纷奔向秦朝府库抢夺金银财宝时，萧何却径直到秦丞相御史府，把秦朝的法律条文、地理图册、户籍档案等文献资料全部收集起来，等于抢占了全国的战略情报资源。

萧何这与众不同的行为，自然会引起刘邦的注意。毕竟眼下秦朝已经瓦解了，想要在新的竞争格局下占据优势，就必须提升综合实力。也就是说，如何治国理政将上升到与打仗同等重要的地位。而萧何在这方面的成熟与老练，无疑是出身底层的刘邦最需要的。因此，随着刘邦由沛公升级为汉王，萧何自然一跃成了丞相。在随后的发展中，萧何的理政才能日益凸显，刘邦也越来越离不开他。

楚汉争锋，当刘邦带着一众文武东进与项羽逐鹿天下时，萧何留守关中，以一己之力带领大后方整顿政务、发展经济、征集粮草、输送军队。否则，刘邦为何能够在与项羽屡败屡战中还能东山再起呢？

正是在楚汉相争的过程中，萧何的地位才逐渐变得不可替代。但随着刘邦的全面获胜、汉王朝的建立，萧何逐渐面临新的困局——与刘邦的冲突。

于是乎，在分封功臣时，刘邦利用手下人之间的矛盾，刻意抬高萧何，贬低曹参。群臣都认为曹参"身被七十创，攻城略地，功最多，宜第一"。刘邦却故意把这一殊荣给了萧何，并且准许他"剑履上殿，入朝不趋"。这看似在抬举萧何，实则是把理政的萧何推到与军功集团的对立面，好让双方掐个头破血流，自己坐收渔人之利。情况若恶化到一定地步，保不准刘邦会丢卒保车，舍弃属于少数派的萧何。

当最后刘邦论功行赏时，萧何则听取了召平的建议，坚决辞让封赏，并且把大量家产、资财捐给军队，让刘邦龙颜大悦。更为高明的是，萧何还自毁形象，以打消刘邦对其猜忌。他通过强买民田等自污方式，来打造一副毫无野心的形象，以打消刘邦的疑虑。此外，他在购置田地住宅时，必定选那些贫苦偏僻的地方；建造房子时，也从不修筑围墙；而对于跟自己一向不和的曹参，萧何也刻意退让，后来当汉惠帝向其咨询丞相继任人选时，他毫不迟疑地推荐了这位老对手。

萧何的一切举动，其实跟当初他在沛县时照顾刘邦一样，都是为了明哲保身，甚至不惜背上欺压百姓等恶名。但这就是封建政治的无奈，也是人性的悲哀。而这一切在萧何眼中，已然是无比清晰，所以他也做到了最后的急流勇退，得以善终。公元前193年，萧何病逝于家中。

变通的智慧

很多场景或事情，可以说都是一个局。对于那些好局，没有本事的人，连进局的资格都没有。身在局中，必然是各种拼搏，甚至是斗智斗勇。所以适时出局，是一种明智之举。入局虽然不易，但能够圆满出局，则更需要变通的智慧。靠本事入局，稳扎稳打，靠智慧出局，从容不迫，这才是掌控局势高手应有的样子。

故意暴露弱点，打消对方的疑虑

在复杂多变的人际关系中，人们往往因未知而心生戒备。此时，一方若能适时、适度地暴露自身的一些非关键性弱点，比如工作中的小失误、个人性格上的小瑕疵，不仅能展现其坦诚与真实，还能让对方感受到被尊重和被信任，从而放下防备之心。如此一来，自己便不会受到对方的攻击，安全也有了保障。战国时期的秦国名将王翦便深谙此道。

王翦自小酷爱兵书，他的父亲便请鬼谷子教他兵法韬略。在名师悉心调教下，王翦很快便成长为有勇有谋的少年将才。

在攻打魏国、赵国后，王翦的能力得到了秦王嬴政的肯定。可是秦王嬴政又不想将举国兵力全部交于王翦，左右为难中，询问王翦和李信："二位将军，现在我有意想要拿下楚国，你们看出兵多少合适呢？"年轻气盛的李信即刻脱口而出，臣认为出兵二十万足矣。王翦则一脸严肃地回答，不足六十万，无济于事。秦王嬴政听完王翦的话，"扑哧"笑出声说，看来王将军真是越老越胆小了吧。

最终，秦王嬴政派遣二十万精兵跟随李信征讨楚国，而王翦借势回老家休养。殊不知，李信遭遇惨败。

秦王嬴政得知消息后，亲自到王翦的老家，请他带兵出征。

王翦见秦王嬴政诚心，就借势说，我还是需要六十万大军。秦王嬴政立即调兵遣将，将举国兵力都交给王翦。甚至在他出征时，秦王嬴政亲自为其送行。

送行之时，秦王嬴政问王翦，你还有何想要之物？王翦毫不顾忌地说道：良田美玉，美酒佳人，皆是我心之所属。秦王嬴政不假思索地全部赏赐于他。孰料，王翦在行军途中三番五次请求再多赏赐他金银珠宝、良田豪宅等。

秦王嬴政不仅没有生气，而且将王翦所要之物一一赏赐。

为何王翦如此嚣张，秦王嬴政还全部满足他呢？后来王翦告诉他的儿子说，伴君如伴虎，皇帝本就多疑，现在我更是带着举国兵力攻打楚国。如果不给秦王留下一个爱财贪色的印象，怕是凶多吉少啊。

经过三年的奋战，王翦平定楚国，圆满完成了秦王嬴政交给他的任务。

王翦出征前索要超多兵力的坏习惯不止一次，虽然秦王嬴政每次都心生怀疑，但是为了国家的利益，他还是不得不选择王翦。而王翦也每次都以喜欢良田美玉、贪财好色的形象消除秦王嬴政对其猜忌。

他用实际行动证明，将领不仅要学会带兵打仗，还要取得君王的信任。否则，你的能力与贡献越大，越会事与愿违，适得其反。

秦灭六国，王翦父子就灭了三国。何为功高震主？王翦便是。王翦在军中的资历比嬴政当秦王的时间还长，在军中旧部无数。

白起和王翦同为秦国名将，为何结局不同？白起一生为将三十多年，攻城七十余座，歼敌过百万，不仅为秦国立下了不世之功，更是极大地削弱了秦国的几个强敌。而王翦率军扫平三晋，破燕国，灭楚国，和儿子王贲一起成为秦始皇一统天下的最大功臣。

白起军功太高，不懂藏拙，不仅功高震主还居功自傲。而王翦懂得审时度势，失势而退，自觉有功高震主之嫌后，便主动要求退休。秦始皇让他出山，他又不断找秦王嬴政要美女良田，以此打消对其猜忌。

除此之外，很多细枝末节的原因也是不容忽视的。客观地讲，秦昭襄王的心胸要比秦始皇宽广得多，秦昭襄王能容忍母亲和义渠王的床榻之事，能容忍魏冉等人掌权，能包容范雎的睚眦必报。那秦昭襄王为何要杀白起呢？

原因之一，白起违背王令，这是致命的原因。秦昭襄王让白起领兵去攻打赵都邯郸，但白起心有怨气，还说了一大堆理由，反正就是不去，秦昭襄王也没计较。在秦军前线失利时，白起却说："当初秦王不用我的计谋，结果如何？"

原因之二，因为秦昭襄王觉得，赵国之所以拼死抵抗，是因为担心长平之战的事情再次出现（长平之战，四十万赵兵降秦，被白起全部坑杀），与其被坑杀，不如拼死反抗；如果杀死白起，可能会降低赵国抵抗的意志。当然，这只是秦昭襄王一厢情愿的猜测而已。

最终，白起被秦昭襄王赐死。

反观王翦，他一直小心谨慎，完全听从秦始皇的安排。明知皇帝错了，他也不像白起那般奚落君王，只是借势提出对于君王而言根本不在乎的财色美女后，便即刻执行皇帝交给他的任务。这就是王翦和白起的最大不同。

王翦能够善终，其实上面所分析的无非是他个人方面的原因。但是在封建"君叫臣死，臣必死"的时代，假如秦始皇定要其死，显然王翦也很难善终。

说白了，在秦始皇心中，不杀王翦的意义更大。也可以说，王翦碰上了秦始皇。虽然秦始皇在后世多被称为暴君，但不可否认的是，秦始皇并没有像后代开国皇帝那样，上演"鸟尽弓藏，兔死狗烹"之大肆屠戮功臣的悲剧。

变通的智慧

一个人有能力是件好事，但能力太大了却不一定是件好事。能力太大了，会被别人提防，容易树敌，甚至招致别人的攻击，这种现象在职场中较为常见。所以，要想让自己安全些，即使你能力再大，平时也不要太张扬，而且要保持谦卑，最好适时地暴露自己的某些弱点（当然不是致命的弱点），这样才能避免各种不必要的麻烦。

如果确定跟的人不行，早撤早安生

在人际关系、职业发展、投资决策等各个方面，我们都需要不断地评估自己的选择和决定。如果发现所跟随的人或事物无法带来预期进步或收益，甚至可能带来负面影响，那么及时撤退、重新选择就显得尤为重要。尤其是如果确定跟随的人不行，早撤早安生，这是一种明智的决策。燕青就是这样一个明智的人。

燕青从小便失去了双亲，是由卢俊义养大的。虽然卢俊义与燕青总是以主仆相称，但是实际上燕青是他的心腹，就像是参谋和保镖，他走到哪里一般都会把燕青带在身边。

燕青为人忠义，对主人卢俊义更是赤胆忠心。不仅如此，燕青还有勇有谋，可谓文武兼具。更令人叫绝的是，燕青还有当时十分时髦的文身。见过无数大场面的李师师看到燕青的文身后，她动心了……也可以这样理解，虽然燕青是作者笔下的仆人形象，但是其正是作者心目中最完美的人。

《水浒传》中燕青曾经三次向卢俊义提出合理的建议，但是都被卢俊义一口否决，反向行之，最后一次还因为没听燕青的建议而送了命。最终，心灰意冷的燕青离他而去。

在《水浒传》的叙述中，宋江为壮大梁山势力，精心布局，派遣李逵与吴用前往卢府，企图以诡计诱使卢俊义上山。吴用化身为算命先生，预言卢俊义将遭遇血光之灾，唯有远行千里方能避祸。卢俊义虽心存疑虑，仍决定轻信此言，留下燕青守家，自己则与管家李固外出避祸。燕青洞悉一切，苦劝卢俊义未果，其预见不幸成真，卢俊义途中遭伏，被梁山好汉张顺所擒。

数月后，宋江设计释放李固，并散布卢俊义已成为梁山二当家的谣言。李固与卢夫人早有私情，趁机反咬一口，不仅诬告卢俊义，还霸占了卢府。卢俊义归心似箭，途中偶遇燕青，得知真相后仍固执己见，坚信妻子和管家李固是清白的，结果落入陷阱，身陷囹圄，饱受酷刑。

梁山军队征方腊凯旋路上，燕青最后一次规劝他的主人卢俊义。

燕青说："主公，你难道没听说过韩信虽然立下了十大功劳，最终却在未央宫被斩首了吗？还有彭越，他的下场是被剁成肉酱；英布也是，被用弓弦勒死，还被灌了药酒。主公啊，你可得好好想想，灾祸一旦降临，想要逃脱可就难了！"卢俊义却说："我听说韩信在统领三齐之地时擅自称王，还唆使陈豨反叛；彭越因为谋反被杀，家族也遭灭顶之灾，他身为大梁王却不再朝拜高祖皇帝；英布在九江受封为王后，也企图夺取汉帝的江山。因为这些原因，汉高祖刘邦假装出游云梦泽，实际上是为了让吕后趁机除掉他们。我虽然不曾接受过这样高的爵位，但我也从未犯下过这样的罪行。"

果不其然，燕青临别箴言竟成谶语。

卢俊义饮了带水银的御酒，因为不能骑马，坐船的时候，坠河而死。

燕青之所以离开卢俊义，并不是说他对其不再忠心，而是因为卢俊义此人太过固执，不能采纳他人的建议。

卢俊义刚愎自用，不听忠言，回到了他以为还值得效忠的朝廷，而最后结局果然不出燕青所料，朝廷对卢俊义下了毒手，所以他最后才落得个被水银毒死的悲惨结局。

回顾这段主仆的故事，不禁令人感慨，若卢俊义能早日采纳燕青之谏，或许能避免诸多劫难，保全自身。燕青之智勇双全，却难敌卢俊义之固执己见，这段悲剧性的主仆关系，也成为《水浒传》中一段令人唏嘘的故事。

关于燕青的结局，在《水浒传》原著虽并未明确交代，但多数观点认为他最终选择了归隐。

不过，也有观点认为，燕青和他生命中最重要的那个女人李师师双宿双飞，过起了神仙眷侣般的日子。

《水浒后传》中说，燕青冒死进入金兵大营，探视了已经被俘的宋徽宗。之后，他又和关胜等人扬帆出海，投奔了暹罗国（泰国旧称）。此后，燕青便在暹罗国生活。后来他还因为在海外救驾有功，被宋高宗册封为太子少师、文成侯。

变通的智慧

如果你跟随的人错了，那么你也会跟着错。你跟随的人，如果人品没问题，还要看他的性格、决策等，如果这方面有问题的话，也是很危险的。发现自己跟错了人，尤其是跟着对方走上了错误的道路时，必须及时撤退。这不仅是为了避免进一步的损失和伤害，更是为了给自己一个新的开始，寻找更合适的方向和机会。